始于一页，抵达世界

新纲常

探寻一个好社会

增订版

何怀宏 著

辽宁人民出版社 广西师范大学出版社

© 何怀宏 2021

图书在版编目(CIP)数据

新纲常：探寻一个好社会 / 何怀宏著. —增订本. —沈阳：辽宁人民出版社；桂林：广西师范大学出版社, 2021.10
ISBN 978-7-205-10227-2

Ⅰ.①新… Ⅱ.①何… Ⅲ.①道德社会学－研究－中国 Ⅳ.①B82-052

中国版本图书馆CIP数据核字(2021)第134382号

出版发行：辽宁人民出版社
　　　　地　址：沈阳市和平区十一纬路25号　邮编：110003
　　　　电　话：024-23284321（邮　购）　024-23284324（发行部）
　　　　传　真：024-23284191（发行部）　024-23284304（办公室）
　　　　http://www.lnpph.com.cn
印　　刷：北京华联印刷有限公司
幅面尺寸：130mm×185mm
印　　张：11.25
字　　数：213千字
出版时间：2021年10月第1版
印刷时间：2021年10月第1次印刷
责任编辑：盖新亮
特约编辑：任建辉
封面设计：陈威伸
版式设计：常　亭
责任校对：吴艳杰
书　　号：ISBN 978-7-205-10227-2

定　　价：68.00元

不要为我显示奇迹。

让你的戒律合乎情理,

让它们一代一代

更加明晰。

—— 里尔克

目录

增订版序　读何怀宏《新纲常》　　　　　　　　　　i
自序　通向真实自由的道路　　　　　　　　　　　vii

引言　　　　　　　　　　　　　　　　　　　　　001
第一章　为什么重提"纲常"？　　　　　　　　　　007
　一　"纲常"是什么？　　　　　　　　　　　　010
　二　从"周文"到"汉制"　　　　　　　　　　013
　三　尊重生命，是首要道德原则　　　　　　　028
　四　道德独立于政治而恒久　　　　　　　　　040
　五　今天的中国社会亟须重建"纲常"　　　　047

第二章　为什么提"新纲常"？　　　　　　　　　　057
　一　传统社会对旧"纲常"的反省与坚持　　　061
　二　近代以来对旧"纲常"的批判　　　　　　072
　三　现代之伦与共和之德　　　　　　　　　　081
　四　新伦理的基本特点和主要内容　　　　　　097

第三章　新三纲　　　　　　　　　109

　一　民为政纲　　　　　　　　　111
　二　义为人纲　　　　　　　　　121
　三　生为物纲　　　　　　　　　128

第四章　新五常　　　　　　　　　137

　一　五常伦　　　　　　　　　　139
　二　五常德　　　　　　　　　　151

第五章　新信仰　　　　　　　　　167

　一　敬天　　　　　　　　　　　171
　二　亲地　　　　　　　　　　　173
　三　怀国　　　　　　　　　　　176
　四　孝亲　　　　　　　　　　　180
　五　尊师　　　　　　　　　　　183

第六章　新正名　　　　　　　　　187

　一　官官　　　　　　　　　　　191
　二　民民　　　　　　　　　　　197
　三　人人　　　　　　　　　　　201
　四　物物　　　　　　　　　　　205

结语	209
附录	213
寻求极端之间的中道与厚道	215
——答《南方人物周刊》	
重建转型中国的道德基石	228
——答《南方周末》	
三千年和三十年的汇流	240
——答戴兆国问	
"全球伦理"的可能论据	249
底线伦理的概念、含义与方法	288
一种普遍主义的底线伦理学	304
建构一种预防性的伦理与法律	313
学以成人,约以成人	319
——对新文化运动人的观念的一个反省	
后记	331

增订版序

读何怀宏《新纲常》

文／刀尔登

如果人活在坩埚里，不熔化的东西，实在不会很多。我们的社会，或许不是缺少道德信条，而是道德本身变得不那么重要，不那么有约束力了。如果是这样，又该怎么办呢？

何怀宏教授的《新纲常》，把一个老问题带到我们面前：中国当前社会的道德状态，是否糟糕？——在历史中有若干次，时人形容自己的处境为礼崩乐坏，然而每次之后，又都能重建伦理秩序。历史的读者，对古人这种阵发性的抱怨，给予的同情并不多，我们觉得那有点大惊小怪。自古以来，包括在我们的时代，年长的人喜欢感叹今不如昔。假如他们是对的，我们的社会还能维持，只能说是奇迹；但假如他们是错的，我们的社会，又早该不是这般面目。当听到许多年轻人，对时代风气有悲观的结论，我开始觉得或者是有一点糟糕了，但本心中，我对这个问题还是有点乐观的。

比如说，《新纲常》回顾了"五四"以来对旧"三纲"（君为臣纲，父为子纲，夫为妻纲）的批判。就在前几天，有这么个新闻，一个人在"文革"中揭发自己的母亲，现在公开忏悔。这类可怕的"大义灭亲"故事，给人的印象最深。我们一听之下，脸色变白，如果有什么可能帮助避免这样的人伦悲剧，哪怕是旧的"三纲"，我们也要先抓在手中。我们希望有一批信条，烙在每个人的心中，当处境逼仄、人将要做出可怕的事情时，那些烙印就发烫，甚至发光。还记得阿西莫夫的机器人三定律吗？有时候，我们盼望我们（或自己之外的别人）也是机器人，能够被定律阻止。

当然，旧的"三纲"所调整的，并不是普通的人际关系，而是特殊的政治秩序及家庭秩序。对古代哲学家把这些（以及类似的一批）规范置于纲领的位置，现代人是有疑虑的，因为不难想象，一个忠臣孝子，一个好丈夫或好妻子，一个热爱朋友、从不和邻居吵架的人，一个爱护他所在的村庄和政治团体的人，一个被他身边的人爱戴的人，对外部世界的陌生人来说，却完全有可能是个有破坏性、不守规矩、难于相处的人，甚至有可能是个恶魔。

旧"三纲"的缺乏普遍性，以伦理学名家的何怀宏比我们看得更清楚，他明确地说："新社会的伦理纲常的表述也不宜再是特殊人格的，比如像旧纲常表述的君臣父子夫妻关系。"何怀宏的"新三纲"，分别是"民为政纲""义为人纲""生为物纲"，与旧三纲的区别是很大的。三纲之外，又有五常。旧"五常"是"仁义礼智信"，而何怀宏的"新五常"，有两项内容：一是"五常伦"，分别是"天人和""族群宁""群己公""人我正""亲友睦"，二是"五常德"，与旧五常的名目相同。中国传统的道德哲学，义务与德性并重，何怀宏对新五常的分说，继续了这一种特色。

很多读者会觉得，"新三纲"仍然超出了伦理学的范围。何怀宏对此清楚，比如对"民为政纲"，他是这样解释的，"政治秩序对减少生命和财产的损失具有基本的意义"，因而拥有了道德意味。何怀宏认为，"民为政纲"属特殊的政治伦理，而政治是如此重要，影响到所有人的生活，故列为道德纲领，亦不为过。我们可以接受这种解释，也可以不接受，对本书来说，这不是要点。《新纲常》的要点，是何怀宏对中国社会的全面关心，他想写的，是一部匡俗济时的书，他想提出的，是一整套新的（这里的"新"，是在得到公认的意义上而言）信条、新的公民意识——好吧，就算有些观念越出了伦理学的界限，又有什么要紧。

阅读《新纲常》，我不由得想到张载的"横渠四句"："为天地立心，为生民立命，为往圣继绝学，为万世开太平。"古代儒者的这种态度，在现代人眼中完全是僭越的。我们不需要圣人来为我们立法，我们为自己立法。但当剔除古代哲人的特殊傲慢之后，我们——至少我是——又有些佩服他们的格局和当仁不让的勇气。

所以，当我读到何怀宏斩钉截铁地将个人的生命与自由，置于他的信念体系的峰巅，不由得鼓起掌来。这不是什么新鲜的信念，这是人类最早的原则，也将是最后得以实现的原则，它在表面上总是公认的，在实际上又总是被践踏。人们有无数的理由，来压迫和剥夺他人，而这些理由，又有至少一半是貌似高尚的，振振有词的。有的读者可能对这一原则与从属的其他原则的逻辑关系（或对任何伦理体系的逻辑特性）不太有信心，有的读者可能不喜欢《新纲常》解释传统儒学为以生命价值为核心，来诱使社会接受这一信条，但如前所说，这也不是要点。读者可以不同意何怀宏对传统伦理的解释，而仍然可以像我一样，真诚地赞美他的苦心孤诣，理解他将人的生命及自由，置于一切义务之首，将对人的生命和自由的尊重，置于一切德性之巅，对中国社会的实际意义。

唯一的问题是，我们最缺的，真是信条吗？

怎样才能说服人们——哪怕是一个人，不但在观念上接受一种伦理主张，而且奉行之？或者，作为个人，当遇到选择时，哪些力量让我们遵行已有的道德信条，哪些力量让我们抛开它，而以利害为先呢？在"新三纲"的"义为人纲"中，何怀宏提出"显见、自明"而且完全之义务体系的四条主要规范：不可杀害，不可盗窃，不可欺诈，不可性侵。老实说，读到这四条时，我心中生出一股悲观的情绪。这是人类最古老的道德诫条（比如"十诫"的六至九条），同时也是被违反得最多的诫条。在我们的社会中，从古至今，大概很少有人反对它们的地位，很少有人主张偷东西是美德，欺诈是行善，然而人们仍在不停地撒谎，不停地彼此杀戮；人偷盗，不是因为他相信偷盗本身是正当的，而是因为偷盗对他是有利的，而且，每违反一条道德命令，他都能至少找出两条来为自己的行为辩护（对极少的人来说，根本无须道德辩护）。当义务体系笨拙难用时，我们想到美德；当德性令人迷惑时，我们又希望有严格的规范可以遵奉；当两者都有希望成功而又都失败时，我们又回到那个老问题：我们为什么要做一个好人？

前面谈到了旧"三纲"。那么，为什么"文革"最烈那几年中，家庭关系受到如此严重的破坏呢？为什么家庭观念能够修复，另一些就很难呢？这个问题的答案，或能同时解释中国社会的道德状态。是另有一些因素，使人们——除了少数自律极严的人——很难奉行自己的道德信念，是政治对社会的严重干涉，不仅破坏了道德体系本身，还使其未经破坏的部分，失去了约束力。对这些，《新纲常》都有讨论。是啊，我们不是不知道好坏，我们只是做不起好人。如果人活在坩埚里，不熔化的东西，实在不会很多。我们的社会，或许不是缺少道德信条，而是道德本身变得不那么重要，不那么有约束力了。如果是这样，又该怎么办呢？

何怀宏教授在书中说："一个稳定发展的社会的基础，一定是合乎道德或合乎正义的。"他又说："要谋求根本的长久之道，一个根本的解决办法就在社会道德根基的明确确立。"这是美好的观点,又是令人困惑的观点。我不能说在某种前提实现之前,社会尺度上的道德自救是无望成功的。我也不知如何评价伦理反抗对其他社会进程的意义。实际上,何怀宏教授的学术和道德勇气,使我们眼前的麻烦,更加难于回避一点。

无论如何,我希望《新纲常》能够在学术界之外,激起波纹,则它的意义方得彰明,我们的社会方得受益。这也是我作为伦理学的外行,勇于谈论此书的最大动机。

自序

通向真实自由的道路

目前新冠疫情还在世界进行时。一直盼望这一疫情尽量快地控制在尽量小的范围内，但几度盼望又几度失望。当然，它总会过去的，只是希望因此付出的代价不要太大。

承蒙朋友的支持，将《新纲常》一书重新付梓。除了其中有关"生为物纲""天人"和"物物"的内容，我不敢说这本书有多少目前的时效性，它注重的还是一些根本和持久的现代问题，且是立足于中国来考虑。但是，对大概率以后也还会发生的疾疫，以及其他的一些可能更严重的危险，我们如何预防和处理，在深层也和本书讨论的一些根本问题相关。

本书2013年初版。这次的增订版除了正文有修订和部分内容更换之外，还增加了一些就此书做的访谈，以及一些可以说明本书内容的背景理据的文章。也就是说，附录中增补的内容主要是两个方面，一方面是在《新纲常》初版之后接受的一些访谈，对写作《新纲常》的初衷和主旨做了进一步的说明。所谓"纲常"，也就是一些原则性的规范，是维系社会方舟的缆绳，用陈寅恪的话讲，是"中国文化之定义"。今天时代大变，虽然深层的精神有一致的地方，但旧有的"纲常"肯定不太适应现代社会了，所以必须"推陈出新"，而这个"新"，主要是建立在平等的"底线伦理"的基础之上。

第二个方面是选编了几篇可以帮助理解《新纲常》要义的文章。《新纲常》探讨的是中国社会的道德根基，在这本书初版的座谈会上，就已有学者提出：不知道这个"根基"是怎样建立起来的。的确，《新纲常》主要是一种体系性的展开，其理论基础其实包含在20世纪90年代初出版的《良心论》里，即一种普遍主义的底线伦理学，而问题的定向是如何在道德上立足中国传统而应变现代社会。

所以，可以说我这三十多年在社会伦理方面的学术努力是一以贯之的，有一条明确的思想主线。现在的增订版增加的几篇文章：《一种普遍主义的底线伦理学》是我最早的一篇明确提出这一理论观点的文章；《底线伦理的概念、含义与方法》则是在多年后回顾我在探索这一理论观点过程中的思想方法和源流；《"全球伦理"的可能论据》借鉴一位国外学者在全球化的世界上寻求底线伦理共识的标本，尝试提出了一些自己的论据；《建构一种预防性的伦理与法律》是面对一个近年越来越明显的高科技发展的特点提出的一个设想；《学以成人，约以成人》，则是从古代到现代的角度探讨一下如何为人的问题。

《新纲常》是我试图用比较通俗的语言和简明的风格，对

"底线伦理"的一个比较全面的应用和延伸。中心还是"新三纲",尤其是其中的"义为人纲",这是对所有人而言的。而"民为政纲"意味着一部分人还可免行普遍公民义务之外的一部分政治职责,因为在权力的领域主要是权责相称的原则。当然,所有公民也有支持和监督这种政治伦理的责任。"生为物纲"则意味着所有人还需要为所有物代行一部分义务。而这些义务的表征也就是"纲常",即一些原则性的规范、关系和德性。然后,也在比较广泛的、连接传统的意义上探讨了"新信仰"的可能性和入手的"新正名"。

我所研究的伦理学重心过去一直是立足于社会,包括制度正义以及与制度紧密相关的个人义务。在本书中,我希望探寻的是一个好社会,一个有原则、有规矩的社会,或也可以说,是一个正派的社会,但更确切地说,是一个好社会的平台或底座。

这些规矩或者说规则,只是一些基本的规则:从市场规则到法律秩序、职业伦理,尤其是政治职责。它们常常表现为经济、法律、政治等各个领域的规则,似乎与道德无干,但实际上都有一种道德意义——亦即凡影响到他人生活的制度和行为规则都会有一种道德意义,而且道德是所有规则的一种正当性基础。也正是有这样一种道德的基础,我们才有判断各种规则正当与否的标准。当然,在个人活动和交往的领域,规则常常就直接呈现为道德规则及礼仪。以为规则与道德无关的误解往往是因为把"道德"的概念仅仅理解为个人生活和追求的道德境界了,而如果以这种误解为根据来怀疑和否定所有道德规则,那就在错解的道路上走得更远了。

这一道德的底座对可以居于其上的建筑也许并不十分敏感,或者还可以说,对在它上面活动的人们并不很挑剔。它可以容有一些不同的社会制度形式,容有众多追求不同的合理价值的人,它只是构成一个好的活动平台。但有了这些基本的规则,我们对制度和他人的行为就能有一个比较稳定的预期,从而也就能比较好地安排自己的生活,努力实现自己认为好的长远人生规划。打个比方,这些规则所起的作用,就像非人格的"麦田里的守望者",它们保障人们从播种到收获的种种活动,也包容种种舞蹈和玩耍,但会拦住忍不住要奔向深渊的"孩子",也包括拦住可能一时被疯魔烧脑的"大人",以免引起不幸的连锁反应。

这样的社会规则自然也就总是意味着一定的约束或界限,离开它或破坏它人们就可能踏空。在社会层面坦然接受某些规矩的约束,也是基于对人性的认识,即承认人的有限性。但除非在一些巨变或转型的年代里,其实我们最好都越来越不感觉到它们的存在——倘若人们真的不太感觉到它们的存在而又实际奉行,也就可以不再那么迫切地呼吁或者反复地申明这些规则了,那时一个好的社会实际就已近在咫尺。

说我们希望着一个有规矩的社会,或者要做一个有规矩的人,并不是说我们要做一个谨小慎微的人。孔子的弟子子夏说,"大德不逾闲,小德出入可也",那么,非圣者的我们也许更多的是要注意"大节不亏"。当然,如果从道德功夫的角度着眼,也需要经常"在小事上磨炼",因为德行重要的是养成习惯。比如习惯于做某些事而不做某些事;习惯于将某些正当手段作为解决困境的首选;习惯于看到他人遭受生命危险而不无动于衷,等等,也就是说,尽量让我们的德行变成一种持久的德性。养成了习性,就几乎可以常常不假思索去做对的事情,尤其是不做错的事情,若能如此,初看起来的"重轭"可能也是"轻省"的。因为社会的"底线伦理"所涉及的主要是你不应去做的事情,比如不伤害无辜、不欺凌弱者;而不是涉及你要非常努力才能做到的事情,比如要无私奉献、勇于牺牲——虽然这样的人也值得我们尊敬。有许多私人的事情其实并不属于底线伦理调节的范围,比如我是不是要做一个圣人,或者选择什么样的爱侣。

一些学者或是由于希望得到一个根本的解决,或是认为形而上学才有思想的含量,认为道德问题的处理不应诉诸规范伦理,而是要致力于形而上学,给规范伦理学一个形而上学的根基,或者就是用形而上学直接解决思想方法的问题。对于某些借助中国文化传统试图建立某种形而上学体系的努力,我乐观其成,但也担心变成一种学者的"自说自话"。实在说来,我是比较怀疑形而上学的抱负的,我的《良心论》其实就是从批评牟宗三的道德形而上学开始,他做得够好的了,但我认为从他的道德形而上学引不出一种恰当的社会伦理。此外,形而上学还有一个危险是容易走向道德的高调,乃至一种乌托邦的社会理论。

我对形而上学抱有怀疑,但我倒是主张规范伦理与政治学、法学、经济学等社会科学建立更紧密的联系,我尤其看重规范伦理与法治的结盟。法治其实就是政治领域内规则的统治,规则的治理。如果能够实现法治,人们基本的权利与平等自由常常也就能得到保证。有法治就会有自由,而且是不多也不少的自由,不放纵也不压制的自由,不偏袒某一方的自由,在"法律面前人人平等"的自由。你遵守了应该遵守的规则,你就获得了自由,也让别人有了自由。规则自然也需要随着变化了的情况有所调整,但是,基本的规则不需要大的调整。所以说,初看起来,作为基本约束规则的"纲常"与自由是对立的,其实却并不如此。"纲常"恰恰是通向真实自由的道路。

相对主义是现代思想世界的一个流行倾向。但有些主张相对主义的人,似乎又毫不含糊地站在某个自以为绝对"正确"的立场上,在这个立场上提出一个高调的道德和社会进步的方案,而对一切不符合这一方案的观点进行压制——他们似乎要怀疑一切事物,却从不怀疑和反省自己的立场。我所说的这种将相对主义与绝对主义结合起来的倾向,大多表现于西方,或者是从西方来的,尤其在当今西方知识分子中甚为流行。他们坚信"进步"的观念,不断要将道德推向他们所喜欢的单线"进步"的方向。然而,当他们以为自己是为高尚的道德理想、为正义而战的时候,他们常常只是在满足某些特殊群体的物质欲望和特权要求。他们批判自己的文明传统,不仅否弃古代的信仰传统,甚至也批判近代以来的自由传统,似乎以为单一方向的"进步"可以永无止境。但是,"道德"被普遍地乃至舆论强制性地走向高调的时候,也就是基本的道德和公义岌岌可危的时候了。

我想借此说明我的一种思想立场,既一边反对相对主义,又一边反对高调理论。高调的社会理论和道德理想在逻辑上似乎和道德的相对主义、虚无主义处在两端,并不相通,但在现实思考和实践中,两者其实常常是"两极相通""互相助力"的。我希望站在一个中间或者说中道的立场上。西方思想常以追求彻底性著称,因此也富有成果,这都是让人欣赏的,但也有容易走向极端的倾向。而中国的传统人文思想,我一直认为还是有比较中道与中和的特色的。近代中国的启蒙知识分子或是基于对富强目标的急切,或是被当时西方最趋时的理论吸引,结果反而走了一条更为艰难曲折的道路,尤其在两点上我认为还是有缺憾的:一是急于丢弃和打破自家的文化传统;二是对超越信仰的不屑或忽视。但愿我们能够坚固自己,在吸收域外思想的同时不再受西方时髦思想的二次伤害。

我经常提醒自己在道德上不要有知识的傲慢、思想的傲慢。道德并不是知识分子的发明。我们所能做的基本工作可能也就是彰显在普通人那里本就存在的健全常识和良知。作为知识分子，我们当然还希望能够条理化地将这些常识乃至论据显示出来。我也希望区分人生哲学和伦理学。在人生哲学及其所追求的生活方式上，一个知识分子可能不希望和他人趋同，不希望和众人趋同，我们可能会更多地考虑自己的喜好，更欣赏一种具有精神性的思辨生活，其中包括视思想为快乐的重要乃至主要源泉。但在伦理方面，却应该更多地为社会着想，为众人着想，为多数着想，谨记不是众人都愿意过我所欣赏的那种生活的，也认清行为的规范并不是以自己喜好的生活方式为依据而从中引申出来的。

2013 年 5 月，我在写《新纲常》的初版"后记"时预感世界将有一场较大变动，我们正处在一场大变的前夕。但我那时并不知道这场大变以何种方式来临。未来的时代还有很多未知数，但有一点却是确定的：它将进入一个多事之秋，我们会面临种种挑战。虽然说任何情况下都沉着应对，都坚持一种底线思维和基本原则是需要的，但我们也很难说就能够"以不变应万变"。那么，现在我只能说，我希望这本书也能成为一个小小的引子，促燃而不是压抑我们的思考。

2020 年 6 月 16 日于北京

引言

本书是要探讨中国社会的道德根基。当代中国社会是我关注的中心,它是一个有几千年自身独立演进的文化传统的社会,又是一个必不可免地卷入现代世界,近年更主动走向现代化且取得经济佳绩的社会。因其是有悠久历史文化的社会,作为一种必要的传承,所以以昔日"纲常"为名来重建社会的道德基础;因其是必不可免,且正在大步走向现代的社会,所以提出"新"的"纲常"。作为一种基本的社会伦理,"纲常"之必要与内容的论证大半来自社会本身,即社会本身的存续与发展之所需;而"纲常"之"新"则主要来自现代社会,即来自时代的要求。

继之要说明的是,本书要探讨的是社会的"道德根基"。这隐含了一个观念的前提,即认为一个稳定发展的社会的基础一定要是合乎道德或合乎正义的。这里说"根基"而不简单地说"基础",还有一层意思是,我希望探寻和传承中国社会道德基础的文化之"根",要让时代的道德要求也接上我们悠久的历史文化传统，并让本来就包含在这传统中的持久普遍的道德原则与理由更加彰显。总之，这个社会的政治、法律和经济等方面的主要制度一定是要有某种道德理据的，而不管这种理据是否能够被人们全都自觉地认识到。正是这种道德性提供了政治合法性的依据，正是因为认为这一社会是合乎或基本合乎道德的，人们才有意愿去维护和支持这个社会。而如果人们相当广泛地认为这一社会严重不合乎正义，或者基本不合乎道德，改革乃至革命的时候就将来临。

这一"社会的道德根基"的主要内容是指道德的基本原则规范、正义的基本原则规范。但我在这里不说"原则规范"而说"根基"，是因为它还包括了能够支持这些原则规范的价值信仰和德性的内容。另外，作为社会"根基"的道德原则规范，跟它的"理据"也是有所不同的：前者是说明一种地位，后者则是要证明原则之所以成立的"理由"。本书不是以后者为主题的，但是也涉及对原则的论证，这种论证主要是基于社会，是指社会需要这些道德原则作为"根基"，如此，社会才能存在、延续和发展[1]。

本书的确是尝试从一种道德体系的角度来构建这一社会的"道德根基"，即力求完整和周延地阐述中国社会的道德原则、

---

[1] 有关对道德原则的论证方式的概述，请参见拙著《伦理学是什么》第四章，尤其是第四节，北京大学出版社，2002 年版。具体的一个论证请参见拙文《"全球伦理"的可能论据》，详见附录。

价值信仰和实践途径，但它无论如何还只是一种探讨，甚至只是一种构想，因而也还可以有其他的系统探讨。只是作者的确深信，不管表述和论点有何不同，本书所阐述的一些基本要素会同样存在于各种合理的探讨之中。

第一章

为什么重提『纲常』?

"纲常""纲纪"是我们现在已经相当少使用的字眼了。在今人眼里,"纲常"似乎总是和传统联系在一起,而且有比较负面的意义,尤其是"三纲五常",又尤其是从"五常"中择选和突显出来的"三纲",它们在近代以来几乎一直是遭受严厉批判的。甚至今天重新体认和回归传统文化的人们,也似乎更愿意说"天人合一""希圣希贤"等高远或修身的智慧,而不愿意说"纲常""礼制"或"名教"。毕竟"纲常"是要约束人的,而传统"纲常"看来还具有曾经等级服从和似乎舆论一律的性质特点。

那么,在今天还受既定意识形态纠缠,但看来最终也不会自外于其他现代社会,并最终走向崇尚自由平等与价值多元社会的中国,为什么还要重提"纲常"?

我们不妨从"纲常"的字词含义和道德意义说起。

一 "纲常"是什么?

"纲"字的初始义是指提网的总绳,抓住这总绳来动作,所有网眼的细绳都能打开或收拢,整个网就能收束自如,就能够"有条不紊""纲举目张"[1]。所以,"纲"也就被转喻为把握事物的关键和要领,又可再引申为基本原则、主要规范,尤其是用在社会与政治领域。这里我们或可注意的是,"纲"的初始义有很强的指向实践的意义,如先秦韩非说:"善张网者引其纲,不一一摄万目而后得,则是劳而难,引其纲,则鱼已囊矣。"[2] 又如新中国早期曾经提出的工业"以钢为纲"、农业"以粮为纲"、政治"以阶级斗争为纲"以及"抓纲治国"等等说法。如从实践意义方面将其引申到极端,则这"纲"可能变成目的是纯功利性的,即是指向成功、战胜、夺取和巩固政权的目标,而"纲"本身只是作为战略性的手段。

但如果按传统意义说"纲常",而不仅仅说"纲",就是强调其作为社会政治的原则规范的持久意义了,它本身是自在的原则。"常"有"普通、平常"之意,又有"长久、经常"之意。被视作"纲常"的原则规范因"纲"而"常",也因"常"见"纲"。它们是社会持久的大经大法,也是维系社会政治秩

---

[1] 《说文》:"纲,维纮绳也。"《尚书·盘庚》:"若网在纲,有条而不紊。"
[2] 《韩非子·外储说右下》。这句话后面接着的是:"故吏者,民之本,纲者也,故圣人治吏不治民。"又韩非等法家主张"以吏为师"。

序的基本"纲维"或"纲纪"[1]。

但我们今天一谈到"纲常",几乎马上就会遇到种种疑虑、批评或者不屑。这些怀疑和批评,一是来自国人对"传统纲常"的百年误解,一是来自世界对"普遍原则"的现代疑虑。在20世纪的主干期,从初叶的"打倒孔家店"到末叶的"批林批孔"运动,影响所及,几乎使今天的不少中国人一谈到"纲常",就认为它们是捆绑我们的几大绳索,而未理解到它们也可能是维系社会方舟的巨缆。旧纲常近百年来长久地被蒙上恶名,被视为要打倒的对象、要解除的桎梏,"三纲五常"更被认为是最大的束缚,乃至动辄说"礼教杀人""名教吃人",然而,我们却可能未意识到:我们今天这样说可能已经是轻松地,也是惰性地习惯了透过"百年"的有色眼镜来看"千年"的中国历史,已经是带有"近代"的"先见"和"成见"。我们可能没有意识到,中华文明和民族的数千年延续其实正是靠这些纲常在社会层面维系的,而且,今天我们要重新合理地建构新的社会伦理体系,也正是要由它们出发,为人们的生命和财产提供一个可靠保障,并且可以自由地发展的社会平台。

除了上述对我们自己历史的误解,另一个疑虑是来自现代世界。自从近代,尤其20世纪以来,相对主义甚至虚无主义的思潮在世界上相当盛行,对普遍的道德原则规范也就常常质

---

[1] 如果用英文翻译"纲",过去一种在旧"三纲"中的译法是"master",即"主人"意,窃以为用"principle"(原则)或"guideline"较妥。

疑和否定，这也影响到了中国人的思想和心灵。加上我们先是奉行、后是高置的革命意识形态也曾倡导"彻底打破旧世界"、和传统"决裂"以创造一个"新世界"，而当这个"新世界"的理想变得虚幻，出现了"三信（信心、信仰、信任）危机"，虚无主义的流行也就更为加剧了。但我相信，我们若是认真反省一下自己的内心，观察一下历史和现实，就能看到天地间是存在着一种"天经地义"的。我们能够觉到有些事情是永远不可能心安理得地去做的，比如任意伤害同类甚至杀害无辜，又比如这样的直觉也是相当普遍的：人类必须有一种最基本、最起码的社会政治秩序，否则所有人的生命安全都得不到保障。这样一些戒律和共识其实也是存在于所有文明社会和宗教的历史和法典中的。当然，它们也是范围很小的，是底线的一些原则或者"基石"。

我想我们现在需要寻找的正是这样一些比较恒久、稳固的道德基石，或者说是"旧纲常"后面的"纲常"、"旧纲常"中更为根本的道德的"精神"原则，并依据这"精神"原则，参之以变化了的时代和社会的情况，给予富有新意的重新概括和阐述。而我们也的确能从旧的"三纲五常"中看到一些比其外在的原则规范更为根本和永久的东西，比如说看到对保全生命的一般政治和社会秩序的肯定，看到这更为根本的东西就是维系人类社会和民族生命延续而不坠的东西。

二　从"周文"到"汉制"

我认为，中国所处的现实状况是处在"三种传统"的影响之下：近三十多年来以"全球市场"为关键词的"十年传统"；前此一百来年的以"启蒙革命"为关键词的"百年传统"；最后是前此两千多年来以"周文汉制"为关键词的"千年传统"。是"周文汉制"而非"秦制"大致决定了此后一直到晚清的中国历史文化与政治制度的范型，而传统的"纲常"——我这里主要指的是"三纲五常"——也在此一时期基本形塑完成。现在我就来追溯这一过程，借此或可进一步阐明其显露和隐含的道德含义。

这里我所说的"周文"是全面的，不仅指思想文化，也包括社会政治制度。"周文"还有一层含义，就是强调其制度文化的一种重视人间、人文乃至文质彬彬、温情脉脉的色彩。不过，我们在这里并非全面地观察"周文"，而主要是考察其中的纲常道德、制度伦理、以民为本和崇德为上的特征。

我们首先可大致以王国维的《殷周制度论》为据来观察在殷周之际发生了什么。王国维认为发生了一场大变革，他说："自其表言之，不过一姓一家之兴亡与都邑之移转；自其里言之，则旧制度废而新制度兴，旧文化废而新文化兴。"而且，周立制的本意，是"出于万世治安之大计"。周制之大异于商者：一是立子立嫡之制，由此而生宗法及丧服之制，并由此而有封建子弟之制，君天子臣诸侯之制；二是庙数之制；三是同姓不婚之制。"此数者，皆周之所以纲纪天下。其旨则在纳上下于道德，而合天子、诸侯、卿、大夫、士、庶民以成一道德之团体。"[1]

在王国维看来，商朝君主多见兄终弟及，但兄弟之亲本不如父子，而兄之尊又不如父，所以常常兄弟之间争位。而周朝舍弟而传子，且是传嫡子，目的是为了"息争"，而"息争"最终还是对老百姓有好处。"盖天下之大利莫如定，其大害莫如争。任天者定，任人者争；定之以天，争乃不生。故天子诸侯之传世也，继统法之立子与立嫡也。"古人非不知"立贤之利过于立嫡……而终不以此易彼者，盖惧夫名之可藉而争之易生，其敝将不可胜穷，而民将无时或息也。故衡利而取重，絜害而取轻，而定为立子立嫡之法，以利天下后世"。

最高统治者这一层次，之所以由天生的血统来决定，大概是因为血统简单明确，极易辨认，也可有传统的支持。而"贤"却是不那么容易辨认的，也是可以自称的。而在最高权力层面如果频频发生争执，社会的代价可能太大。这大概是人类历史在大部分时间、大部分地方实际都是实行君主制的一个原因（至少在人类确立健全稳定的民主制度之前是如此），而君主制的最初诞生也往往是和部落的酋长制度密切相关，它具

---

[1] 王国维：《殷周制度论》，载《观堂集林》第二册，中华书局，1984年版，第453—454页。以下王国维引语均据此文。

有一种自然而然发生的特点。后来的改朝换代，也往往是因为创业的君主有一些特殊的才能加上机遇，后来的沿袭者也就对潜在的觊觎者有一种天然的优势。

王国维还追溯到周制的原则大义：

> 以上诸制，皆由尊尊、亲亲二义出。然尊尊、亲亲、贤贤，此三者治天下之通义也。周人以尊尊、亲亲二义，上治祖祢，下治子孙，旁治昆弟；而以贤贤之义治官。故天子诸侯世，而天子诸侯之卿大夫士皆不世。盖天子诸侯者，有土之君也；有土之君，不传子，不立嫡，则无以弭天下之争；卿大夫士者，图事之臣也，不任贤，无以治天下之事。

政治治理的事情的确是民众不参与的，即所谓"礼不下庶人"是也。但这些制度主要还是以民为本，为民而设，为民而治："凡有天子、诸侯、卿、大夫、士者，以为民也，有制度典礼以治。天子、诸侯、卿、大夫、士，使有恩以相洽，有义以相分，而国家之基定，争夺之祸泯焉。民之所求者，莫先于此矣。"民众最优先也是最基本的要求是安宁，没有战争、内乱外祸和横征暴敛，生命财产能够得到保障。

但对于统治者的道德要求来说，不仅要以制度之设来体现休养安民、仁民爱民、以民为本，而且要以身作则，率先垂范。统治者这方面的道德要求是要远高于对民众的道德要求的,甚至可以说对老百姓来说,道德的要求只是表现为受其影响的"风俗""风化",在统治者那里才是真正的"贵人行为理应高尚"的道德。周代统治者有鉴于商人亡国的教训,不再一味信奉高高在上的天帝,自认天命在身,而是认为天命在人,必须主要依靠人事的努力,依靠本身道德的自律,依靠安民仁民来使民休养生息。所以,"天""命""民""德",四者其实一以贯之。就像《尚书·召诰》中所言:"天亦哀于四方民,其眷命用懋。王其疾敬德!"

这样,在王国维看来,使天子、诸侯、大夫、士各奉其制度典礼,以亲亲、尊尊、贤贤,明男女之别于上,而民风化于下,此之谓"治";反是,则谓之"乱"。"是故天子、诸侯、卿、大夫、士者,民之表也;制度典礼者,道德之器也。"

这并不是说君王甚至如文武周公等明主就没有自己的利益和考虑:

> 古之圣人亦岂无一姓福祚之念存于其心,然深知夫一姓之福祚与万姓之福祚是一非二,又知一姓万姓之福祚与其道德是一非二,故其所以祈天永命者,乃在德与民二字。
>
> 故知周之制度典礼,实皆为道德而设;而制度典礼之专及大夫、士以上者,亦未始不为民而设也。

> 周之制度典礼，乃道德之器械，而尊尊、亲亲、贤贤、男女有别四者之结体也，此之谓民彝。其有不由此者，谓之非彝。

而这"民彝"其实就是"原则"和"纲常"了。它们是"保民"之"彝"，也是"民之秉彝"之"彝"。

这也不是说商朝就无社会道德的纲常，而是说："夫商之季世，纪纲之废、道德之隳极矣。是殷、周之兴亡，乃有德与无德之兴亡；故克殷之后，尤兢兢以德治为务。"周人吸取了商朝亡国的教训，不仅重建道德纲常，而且赋予了纲常新的内容。当时这一新纲常的新意主要在于：更强调自身的道德自律和制度的道德含意，并将尊尊与亲亲结合，且在亲属关系中最为强调父子关系，同时也出现了"男女有别"。即在"周文"中，不仅德治主义、民本主义大为张扬，而且三纲之为"民彝"的观念也已经隐然出现。

在王国维那里，与"尊尊、亲亲"并称的"贤贤"的观念似乎已经在西周实现，但我们至少从有较详史料可据的春秋时代来看，在大夫，甚至士那里还是"世家"而非"选贤"的。"贤贤"在西周看来还没有明显的制度可循，且即便是"选贤"，也是主要限于贵族内部而不是向所有民众开放。"贤贤"观念的广泛流行还要到战国时代，而其制度化的稳定实现则要到西汉中期才开始。

至于"五常"的萌芽,则可以追溯得更早。《尚书·舜典》言帝对契说:

> 汝作司徒,敬敷五教,在宽。

疏引《左传》文公十八年云:

> 布五教于四方,父义、母慈、兄友、弟恭、子孝,是布五常之教也。

又云:

> 义慈友恭孝,此事可常行,乃为五常耳。

这里的"五常之教"未涉君臣、夫妻、朋友,所强调的义务看来也是双面的,虽然并非同等或完全平等的;"弟恭、子孝"相对于"父义、母慈、兄友"还是更带恭敬之意的。后来《孟子·滕文公上》的解释:"使契为司徒,教以人伦,父子有亲、君臣有义、夫妇有别、长幼有序、朋友有信。"就加上君臣、夫妻、朋友三伦了,与后来的"五伦"说的是同样的五种关系,但是,是将父子关系放在最前面,而且是讲相互的"亲""义""别""序""信",而没有特别强调其中一方的等级服从。

孔子及其代表的儒家可以说是"周文"最伟大的传承者，同时又是最伟大的创新者。孔子说："周监于二代，郁郁乎文哉！吾从周。"他念念不忘"克己复礼"，这"礼"也就是"周礼"，即周代的典章制度。他又提出"正名"，其中最重要的是"君君、臣臣、父父、子子"。这实际是"三纲"中最重要的"两纲"[1]。这里也顺便说一下纲常与礼制、名教的关系。礼制、名教可以说都比纲常所包含的内容更广泛，也更细致：礼制侧重于上层制度，名教则侧重于观念和名分，落实到人；而纲常则可以说是它们的实践纲要、精神原则与内容核心。孔子的仁学可以说揭示了这些原则的道德灵魂，即所有的制度、观念、规矩，最终都是为了使"天下归仁"，即虽然还保留着社会差距，但所有人都具有某种人格的平等，人人互助、上下相倚，亲友相亲。儒家所提出与实践的"有教无类"还向所有人求学打开教育的大门，而"学而优则仕"则是主张为所有的"学优"者打开政治入仕的大门。

"周文"的政治实践也可说是相当成功，通过具有亲亲色彩的分封等措施和礼义的约束，竟然在数百年里，在周天子与诸侯，以及众多诸侯国之间维持了大致的和平。只是到春秋末年才开始"礼崩乐坏"，到了战国时期，则有鱼烂之势。纲常

---

[1] 《礼记·乐记》中也记载有此两纲："子夏对曰：'圣人作，为父子君臣，以为纪纲。纪纲既定，天下大定。'"

名器大坏，再也不能约束各国的君主。在有权力者的影响之下，社会崇尚的是功利、强权、成功和战胜，为此人们敢于无所不为，使用一切手段。而最受重视的两种手段或力量，一是暴力，一是诈力；最受重用的也就是兵家和纵横家；而提供了一整套君主集权理论的则是法家。秦国的商鞅变法率先开始了将一个国家打造成一个极有效率的军国主义机器的过程，商鞅将暴力更为严密地收拢在国家的手中，禁止私斗，而奖励以斩首多少为标准的军功，其他一切资源也都是以最终的战争和战胜为目的。商鞅实行连坐法，鼓励告密，包括鼓励父子、夫妻之间的告密，不告也要腰斩。其对社会道德的损害到了根基之处。

在一种弱肉强食、救亡图存的竞争形势中，其他国家也不得不跟进类似的、虽然可能稍稍温和一些的变法。那时在一国内部或还有秩序与和平，包括有伦理意义的秩序或者说纲常存在，但由于其秩序的整饬最终还是服从于强化君主权力和国家能力的更高目的，结果往往是带来更大的动荡和战争。各国之间信义几乎无存，战争连绵不断，甚至伏尸百万，血染千里，人们流离失所，生灵涂炭。而最后是那个最凶狠的国家——素称"虎狼之国"、用义不帝秦的鲁仲连的话来说是"权使其士、虏使其民"的秦国取胜，灭了其他国家而统一了天下。

这一统一自然客观上暂时平息了国与国之间的战争，且以郡县制取代封建制，以官僚制取代贵族世家，就如王夫之所说，是"天欲假其私而行其大公"。秦帝国甚至被认为是世界文明史上第一个建立了强大国家能力的国家[1]。但是，秦王朝建立之后，也还是一味"逆取"而非转向"顺守"，依然迷信暴力和强制，乃至横征暴敛、严刑苛法、焚书坑儒，最后激起人民蜂起反抗，乃至二世而亡。

对这一历史过程，我们可再引刘向《战国策·书录》中的话来说明：

> （**西周**）：周室自文、武始兴，崇道德，隆礼义，设辟雍泮宫庠序者教，陈礼乐弦歌移风之化，叙人伦，正夫妇，天下莫不晓然。……下及康、昭之后，虽有衰德，其纲纪尚明。
>
> （**春秋**）：……五伯之起，尊事周室。五伯之后，时君虽无德，人臣辅其君者，若郑之子产，晋之叔向，齐之晏婴，挟君辅政，以并立于中国，犹以义相支持，歌说以相感，聘觐以相交，期会以相一，盟誓以相救。天子之命，犹有所行；会享之国，犹有所耻；小国得有所依，百姓得有所息。
>
> （**战国**）：……仲尼既没之后，田氏取齐，六卿分晋，道德大废，上下失序。至秦孝公捐礼让而贵战争，弃仁

---

[1] 可参见 [美] 弗朗西斯·福山《政治秩序的起源：从前人类时代到法国大革命》，毛俊杰译，广西师范大学出版社，2014年版。

义而用诈谲，苟以取强因而矣。夫篡盗之人，列为侯王；诈谲之国，兴立为强。是以转相放效，后生师之，遂相吞灭，并大兼小，暴师经岁，流血满野，父子不相亲，兄弟不相安，夫妇离散，莫保其命，湣然道德绝矣！晚世益甚，万乘之国七，千乘之国五，敌侔争权，盖为战国。贪饕无耻，竞进无厌，国异政教，各自制断，上无天子，下无方伯，力功争强，胜者为右，兵革不休，诈伪并起。

（**秦朝**）：……是故始皇因四塞之固，据崤、函之阻，跨陇、蜀之饶，听众人之策，乘六世之烈，以蚕食六国，兼诸侯，并有天下。……无道德之教、仁义之化以缀天下之心。任刑罚以为治，信小术以为道。遂燔烧《诗》《书》，坑杀儒士，上小尧舜，下邈三王。二世愈甚，惠不下施，情不上达，君臣相疑，骨肉相疏，化道浅薄，纲纪坏败，民不见义，而悬于不宁。抚天下十四岁，天下大溃，诈伪之弊也。

这一纲常被破坏的下行过程直到汉立之后才结束。汉朝立国吸取了战国血的教训和秦朝暴政而亡的教训，经过"文景之治"的休养生息，到公元前141年（即汉立六十二年），开始了明确的重建纲常和制度创新的过程，是年董仲舒上天人三策，提出了"更化"的政治改革纲领[1]，即彻底改革战国秦朝以来的崇尚功利乃至暴力诈伪的道德风俗，主张政治思想上独尊儒家；制度上兴办太学，培养日后可为官的学子，并将以前属特举的察举制度化、常规化，定期从民间选拔德才兼备的官员。这些主张渐渐得到实施，从而真正解决了可以使国家长治久安的主导思想和统治阶层的不断再生产的问题。董仲舒所主张的的确不是现代的自由平等与民主，但是，自西汉中期之后，主导的政治思想不再是一味加强君主集权的法家思想，甚至也不是清静无为的道家思想，而是强调生命价值、以民为本和统治者德行的儒家思想。而儒家思想本身又还不是那种极权封闭的意识形态，而是能够宽容甚或吸取其他思想的思想派别。这样，加上重视民生、活跃的地方政治和民间组织，向民间开放政权，不断吸纳社会下层有才能的人进入上层，社会就不仅保有一种稳定，而且保有一种活力。

所以，在我看来，日后两千多年的中国传统社会政治所遵循的并非"秦制"，而是"汉制"。的确，"汉制"也还是承继了"秦制"的部分遗产，诸如君主制度、郡县制度、官僚制度等，但是，"秦制"完成的还只是半个国家，因为它实际上还没有找到一种"长治久安"之道。"汉制"才是真正奠定了中国传统社会绵延两千多年的国家类型。而在某种意义上，"汉

---

1 参见拙文《汉立六十二年之更化》，刊于《领导者》总第42期。

制"也可说是"周文"与"秦制"的结合,而且,儒家所代表的"周文"是这种结合的主导和灵魂。

而"纲常"又可以说是这种"周文"中的基本政治原则,同时也是道德原则。事实上,我们一方面说传统的"三纲五常"之说源远流长,它至少在"周文"之始就已经发端,中经春秋战国不断得到儒家等派别的阐发;另一方面,我们又说,它的确又是在汉朝得到突出,尤其是其中的"三纲",得到了系统的阐述和明确化,又尤其是通过董仲舒,他依据其天道和阴阳理论,将其构建为一种具有道德形而上学意味的政治伦理体系。

董仲舒对"三纲五常"的具体内容着墨并不多,"三纲"一词在《春秋繁露》中甚至只有两见。但他认为:"王道之三纲,可求于天"。"君臣、父子、夫妇之义,皆取诸阴阳之道。君为阳,臣为阴,父为阳,子为阴,夫为阳,妻为阴,阴阳无所独行,其始也不得专起,其终也不得分功,有所兼之义。是故臣兼功于君,子兼功于父,妻兼功于夫,阴兼功于阳,地兼功于天。"[1] 在东汉所汇集的白虎观会议诸儒关于经学之议论,也可说是一个辩论后的总结的《白虎通义·三纲六纪》也说:"子顺父,妻顺夫,臣顺君,何法?法地顺天。"[2] 他们更为强调君臣、父子、夫妇三对关系中臣对君、子对父、妻对夫的义务

---

1 《春秋繁露·基义》。
2 《白虎通义》卷三"京师"。

和服从也是明显的。在董仲舒之后约两百年，反映出深受他的思想影响而形成的更为明确和具体化的有关"三纲"的阐述是：

> 三纲者何谓也？谓君臣、父子、夫妇也。六纪者，谓诸父、兄弟、族人、诸舅、师长、朋友也。故君为臣纲，夫为妻纲。又曰："敬诸父兄，六纪道行，诸舅有义，族人有序，昆弟有亲，师长有尊，朋友有旧。"
>
> 何谓纲纪？纲者，张也；纪者，理也。大者为纲，小者为纪，所以张理上下，整齐人道也。人皆怀五常之性，有亲爱之心，是以纲纪为化，若罗网之有纪纲而万目张也。《诗》云："亹亹文王，纲纪四方。"
>
> 君臣，父子，夫妇，六人也，所以称三纲何？一阴一阳谓之道。阳得阴而成，阴得阳而序，刚柔相配，故六人为三纲。
>
> 三纲法天、地、人，六纪法六合。君臣法天，取象日月屈信归功天也。父子法地，取象五行转相生也。夫妇法人，取象人合阴阳有施化端也。六纪者为三纲之纪者也。师长君臣之纪也，以其皆成己也；诸父兄弟父子之纪也，以其有亲恩连也；诸舅朋友夫妇之纪也，以其皆有同志为纪助也。
>
> 君臣者，何谓也？君，群也，群下之所归心也。臣

者,缠坚也,厉志自坚固也。……父子者,何谓也?父者,矩也,以法度教子也。子者,孳也,孳孳无已也。……夫妇者,何谓也?夫者,扶也,以道扶接也。妇者,服也,以礼屈服也。

陈寅恪认为:"吾中国文化之定义,具于《白虎通》三纲六纪之说,其意义为抽象理想最高之境,犹希腊柏拉图所谓Idea者。"[1] 无论如何,我们的确可以好好重视和分析一下这一段话。这里的"三纲"已经很明确,但与之联系的并非也包括了"三纲"的三种关系的"五常伦",而是另外的六种关系:"六纪"。"六纪"除了也包括在"五常伦"中的兄弟、朋友两伦外,还有诸父、诸舅、族人与师长四伦。不过,这六者可以与三纲再合并归类:因皆成己,师长接近于君臣;因血亲,诸父兄弟(族人)接近于父子;因互助,诸舅朋友接近于夫妇。

在汉儒看来,这些关系皆来自自然,也切合人性。"人皆怀五常之性,有亲爱之心",虽然"君为臣纲"列在三纲之首,但一种亲亲之爱实际是其根本,尤其是父子关系中双方的慈孝之爱,如果说这种父子的垂直关系是家庭乃至家族的主轴,那么君臣关系也就是国家的主轴。而由于古人更为强调责任,以使其与必须要有权威和服从的政治秩序连接,或还有调整加强

---

[1] 陈寅恪:《王观堂先生挽词并序》,见《陈寅恪诗集》,清华大学出版社,1993年版,第10页。

子孝之情来平衡天然要强一些的父慈之意，所以更为强调子对父的孝敬之爱。而且，这种亲亲之爱也更为广泛，在传统等级与少数统治的社会中，需要承担与权力相称的责任的官员臣子毕竟还是少数，而所有人都要遇到家庭关系。古人看来相信，在家为孝子者，入仕后一般也会是忠臣。就像家是国之本一样，孝也可说是忠之本，而努力的次序也往往是如此，一个人是从修身齐家到治国平天下，忠是由孝生发开去。

而"三纲"的义务之差别性质也是来自自然，是效仿自然或者说天地。如果说它们的关系有一种等级差别的意味，那也就像天地万物有一种差别甚至等级的意味。[1] 它们像阴阳一样是成对的关系，少了任何一方都不成；但这种关系也是有序的关系，而这种秩序的确不是完全平等的，有主从的意味。但这主从也有道德的含义，即为主的一面更多的是以身作则或遵守道义、法度以垂范的责任，而为从的一面更多是坚定服从，积极效仿的义务。为主的一面虽然得到服从，但也要使人心服，比如君主就要使天下真正归心。也是由于这种和天地自然的关系，"三纲五常"获得了一种独立于人类的客观普遍性，被视作"天经地义"。

---

1 后来的司马光也是如此，且从效仿天地的角度更为强调尊卑等级。他在《资治通鉴》开首的评论中说："文王序《易》，以乾、坤为首。孔子系之曰：'天尊地卑，乾坤定矣。卑高以陈，贵贱位矣。'言君臣之位犹天地之不可易也。"

不过，基本的意思虽然都有了，"三纲六纪"毕竟还不是"三纲五常"。最早连用"三纲五常"的似是稍后的东汉学者马融在注疏《论语》中所用，而在朱熹于《四书集注》中引了他的话之后，这一提法自然就广泛流行了。另一方面，类似于"三纲五常"的意思则早就相当广泛地存在于从《尚书》到西汉，乃至不止儒家，也有其他多家学派的历史文献之中。董仲舒以及《白虎通义》等儒家著述，看来主要是突出了其中的"三纲"，给予了它们比较系统的字义诠释和理论论证。无论如何，传统纲常在两汉时期已大体厘定，而它们作为基本的社会政治伦理原则，也就和"汉制"一道，成为后世两千年传统社会秩序和政制的基本范型。

三 尊重生命，是首要道德原则

"三纲五常"将家庭秩序与政治秩序结为一体，家国合一，忠孝合一，而且从价值上更看重家庭秩序，即以孝为本，虽然从原则规范的次序上是将国放在前面。它们看起来只是一种独特的政治秩序的原则规范。它们的确具有等级服从的社会政治含义。现在的一个挑战是，如果仅仅从字面上看，虽然这主要是儒家的主张，但是也广泛地存在于先秦其他学派，例如法家的政治主张之中。像《韩非子·忠孝》篇说："臣之所闻曰：臣事君，子事父，妻事夫，三者顺则天下治，三者逆则天下乱，此天下之常道也，明王贤臣而弗易也。"而法家是极力主张君主集权专制、臣民绝对服从的，那么，在这看似相同的"纲常"主张中，如何区别儒家与法家的不同？[1]如何辨识后来实际上是以儒家思想为主导的"纲常"后面的基本价值？

在我看来，在法家那里，三纲只是一个政治原则，而在儒家那里，它还是一个道德原则，它后面还有尊重生命的基本价值存在。在儒家看来，纲常不是简单地要维护一种政治秩序和社会统治，其实还有一种更深刻的、平等地看待所有生命的道德含义。或者说，作为"纲常的纲常""纲常的核心"的其实是一种道德的原则，这一道德的原则主要的就是生命的原则。[2]从行为和制度规范的角度来说，保障生命安全和提供生命基本供养是它的第一正义原则；从价值的角度来说，则是将生命、生存视为最宝贵的价值，而且生命之所以宝贵，并不仅是作为工具和手段的宝贵，而是本身就是目的的宝贵。也就是说，对所有人来说都是这样，既生之，则须护之养之，所有人都有生存的欲望，所有人也都应得活下去的基本待遇。

所以，在儒家那里，除了强调纲常、正名和礼教，更为根

---

[1] 当然，这里还要区别早期法家与后期法家的不同，我认为主要是后期法家遗失了纲常后面的生命价值。虽然他们对生命价值和保民原则也偶有论述，但不是像儒家那样作为持久一贯的理论和主张。
[2] 如文天祥《正气歌》："三纲实系命，道义为之根。"而作为士大夫，又有不惜生命来捍卫纲常的使命。有关纲常对于个人道德修养的意义，本书因为主要是考虑社会伦理没有多涉及，这在宋明儒家那里有诸多的论述。

本的还有如孔子之仁、孟子之义，荀子也说过"从道不从君，从义不从父"[1]。在儒家看来，政治是要以道德为本的，君主是要以民生为本的。这"本"也就对权力和权威构成了某种限制。所以，虽然有等级的服从，但也非绝对的服从。孔子主张"仁者爱人"，认为统治者必须实行仁政，痛斥造成人民生命财产损失的"苛政猛于虎"。孟子通过救一个孩子的事例，抉发出普遍的"恻隐之心"，主张要以"不忍人之心"实行"不忍人之政"。他痛斥君主好战、奢靡、使民缺乏生养是无异于"率兽食人"。即便是更为强调秩序和礼教的荀子，也对礼制和君治的护生养生本意有过明确的抉发：

> 礼起于何也？曰：人生而有欲，欲而不得，则不能无求。求而无度量分界，则不能不争；争则乱，乱则穷。先王恶其乱也，故制礼义以分之，以养人之欲，给人之求。使欲必不穷于物，物必不屈于欲。两者相持而长，是礼之所起也。故礼者养也。（《荀子·礼论篇》）

> 君者，何也？曰：能群也。能群也者，何也？曰：善生养人者也……省工贾，众农夫，禁盗贼，除奸邪，是所以生养之也。（《荀子·君道篇》）

---

[1] 《荀子·子道篇》。

西汉对"更化"及明确"三纲"起了最大作用的董仲舒也如是说：

> 天地之生万物也以养人，故其可适者，以养身体；其可威者，以为容服，礼之所为兴也。(《春秋繁露·服制像》)
>
> 泛爱群生，不以喜怒赏罚，所以为仁也。(《春秋繁露·离合根》)
>
> 何谓本？曰：天地人，万物之本也，天生之，地养之，人成之；天生之以孝悌，地养之以衣食，人成之以礼乐，三者相为手足，合以成体，不可一无也；……三者皆奉，则民如子弟，不敢自专。(《春秋繁露·立元神》)
>
> 且天之生民，非为王也；而天立王，以为民也。故其德足以安乐民者，天予之，其恶足以贼害民者，天夺之。(《春秋繁露·尧舜不擅移汤武不专杀》)

后来的儒者也大抵如是。王夫之批评战国时代纲常大坏的主要依据就是其时生灵涂炭："战国者，古今一大变革之会也。侯王分土，各自为政，而皆以放恣渔猎之情，听耕战刑名殃民之说，与尚书、孔子之言背道而驰。勿暇论其存主之敬怠仁暴，而所行者，一令出而生民即趋入于死亡。"[1] 他甚至认为儒

---

1 《读通鉴论》"叙论四"。

者在面临衰政暴政的时候，也不应首先举事，其原因也是顾及生灵。

这一以民众生命为上的思想可以说贯穿传统社会始终，我们不妨再以已经处在传统社会晚期的曾国藩为例，来察看这一保存生命的道德原则与社会等级纲常的关系或先后次序。

1854年，在太平天国起事之后的第四年，曾国藩组织了湘军反击，并发表了《讨粤匪檄》的文告来陈述他讨伐的三条理由[1]。我们注意到，他在该文的第二段陈述了捍卫社会等级纲常的理由，他说：

> 自唐虞三代以来，历世圣人扶持名教，敦叙人伦，君臣、父子、上下、尊卑，秩然如冠履之不可倒置……[而洪、杨事变]举中国数千年礼义人伦诗书典则，一旦扫地荡尽。此岂独我大清之变，乃开辟以来名教之奇变，我孔子孟子之所痛哭于九原，凡读书识字者，又乌可袖手安

---

1 我们这里暂不涉分析太平天国的性质，但可以引用一下马克思的言论，他在太平天国初起时曾对之寄予希望，但在十二年之后的1862年夏，他在《中国纪事》一文中已经彻底失望："[太平天国]除了改朝换代以外，没有给自己提出任何任务。他们没有任何口号，给予民众的惊惶比给予旧统治者们的惊惶还要厉害。他们的全部使命，好像仅仅是用丑恶万状的破坏来与停滞腐朽对立，这种破坏没有一点建设工作的苗头……太平军就是中国人的幻想所描绘的那个魔鬼的化身。但是，只有在中国才有这类魔鬼，这是停滞的社会生活的产物！"孙中山对太平天国的认识与评价也曾经历了这样一个类似的过程。

坐，不思一为之所也。

曾国藩对传统文化的纲常原则的捍卫，可以说是放在捍卫清朝政府之前，乃至有人认为曾国藩此举与其说是捍卫"大清"，不如说是捍卫中国社会与文化，即忧虑顾亭林所称的"亡天下"。

但这还只是他呼吁讨伐洪、杨的第二个理由，且这里主要是向士人或"读书人"呼吁，而他在第一段中向所有人、所有"有血气者"的呼吁，才是他更为根本和优先的理由。这一最优先的理由是，认为洪、杨发动的连年战争造成了无数生命财产被毁，即所称"荼毒生灵数百余万，蹂躏州县五千余里，所过之境，船只无论大小，人民无论贫富，一概抢掠罄尽，寸草不留。其掳入贼中者，剥取衣服，搜括银钱，银满五两而不献贼者即行斩首。……此其残忍残酷，凡有血气者未有闻之而不痛憾者也"[1]。

曾国藩的第三个理由是说洪、杨辱教不敬神，即不仅士民共愤，也是人神共愤。他的确没有把捍卫清朝政府单列为一个理由，虽然他作为曾经的朝廷命官肯定也是要维护清朝政府的，但也可以说，他最忧心的还并不是"亡国亡朝"，而是"亡天下"，这"天下"既指可以保存生命的一般的社会政治秩

---

1 《讨粤匪檄》，《曾文正公诗文集》下册，商务印书馆，1937年3月版。

序，也是指千百年来沿袭下来的社会伦理文化和传统纲常。而这两者经常是紧密结为一体的。或许也正是基于这些考虑，后来在平定洪、杨事变之后，据说有人劝他说，既然握有全国最优势的兵力，又是汉人，不妨自己代清称帝，而他根本不做此想，按照他上面自己提出的理由和观念，也绝不可能做此想。因为，改朝换代必然要大动干戈而使无数生灵涂炭，除非是为了挽救更多人的生命，任何有良知的政治家都会，也应当在将很可能面临的伏尸千里、流血遍地的惨烈前景前止步。而名分纲常的实质意义，也是根本的道德意义，也就在此。保守一种政治秩序，没有非如此不可的理由——这种理由也应是来自生命原则——就不去轻易置换和推翻它，这是有道义根据的。这种保守不简单地就是为了保守这个政府，而更主要的是为了保守生命，不去为实现自己的政治目的而大规模地流他人的血。

我们当然要注意类似太平天国的事变中的普通参与者和其领导者的不同。从负面来说，参与反抗的人民先前所遭受的痛苦是可悯的；从正面来说，如果受到残酷的压迫，人民有一种反抗暴政的权利。但是，太平天国的举事是不是像陈胜吴广及其部众那样，到了为了生存必须如此大规模揭竿而起的程度？[1] 因为这一举事就可能是不知多少人要为此丧生。我们注

---

[1] 即便是在陈胜、吴广那里，也还混合有想实现他们自己的"鸿鹄之志"的个人动机。

意到，曾国藩在讨伐檄文所提出的第一理由还不是国家，甚至不是纲常，而是生灵涂炭。在曾国藩那里，保存生命的原则是最根本的，因而也是最优先的。儒家有时或主张"汤武革命"，诛"独夫民贼"，也是因为这"独夫民贼"在极大地戕害民众生命，但这恐怕只能在极端情况下才能主张和推动——虽然后发比起首倡来可能会更可接受。即儒家似乎一般还是不主张首先举事。首先举事是一回事；当天下已经大乱，出来收拾残局是另一回事，这时虽然也要诉诸武力，但这是为了尽早结束已经出现的大规模暴力，为此甚至不惜以菩萨心而行霹雳手段，越快结束混战越好，但这样做正是为了早日安定，越少死人越好。

所以，我们需要注意即便是有许多合理因素的变革的"代价"，因为这种代价并不单纯是经济物质的代价，也是生命的"代价"。任何变革，都会有一个"代价"或"成本"的问题，在此还不能简单地权衡变革之前与变革之后的利益，认为只要变革之后的利益超过变革之前的利益就可选择变革。因为这一变革的"成本"其实常常是以大量无辜者的生命财产为代价的，所以，不能不再三思之。另外，变革总是有一种不确定性，一种冒险性，它可能成，也可能败，而即便是成，在这一变革过程中也可能造成不少人的生命财产损失。故古人说"利不十，不变法"并非全无道理。我们尤其要注意任何变革不要损害社会的基本道德原则，不要去诉诸将伤害无辜者的大规模暴力[1]，所以不能不极其谨慎地选择变革的可否、时机、方式和手段。

的确，还有另一个问题是：君主制这一政体对保存生命是否最好？还有没有其他的政治秩序能更好地保护生命？除了生命，是否还有其他更高的政治伦理原则或正义原则需要适时地予以满足？

我曾经在率先进入近代的西方的三位主要社会契约政治理论家霍布斯、洛克和卢梭那里，发现了生命、自由、平等三个正义原则理论逻辑与历史次序的暗合。在我看来，即便从现代的眼光来看，生命的原则也是第一位的正义原则，是需要最优先地予以满足的。中国的古典思想家的确没有提出现代平等、自由和权利的概念，但是他们对生命原则的理解还是丰满的，包括了生命的质量和生活的空间，也包括了生存平等、人格平等和广泛同情的观念。他们甚至也向往远古传说中的以"天下

---

[1] 暴力有它自身的逻辑。暴力的斗争有可能一开始就是权力与利益的混战，或者是后来演变为双方都失去合理性。暴力的"收功者"将很可能是另一个独裁者。即便不是如此，在大规模的持久暴力之后社会要回到正轨，可能还要花费相当长的时间和相当大的成本。一些不吝在街头示威出现暴力者似乎更加明白这个道理：例如张宏良在出现了打砸抢烧的2012年9月示威游行之后的微博中写道："此前做梦都渴望中国发生大规模示威游行的精英、公知以及由此形成的汉奸势力，突然百分之百而不是百分之九十九地一反常态咒骂游行群众是暴徒，这说明了什么？这说明了此前我们的判断是正确的——在中国无论发生什么颜色的革命，中国人民都有能力把它变成红色革命。"见其微博地址：http://weibo.com/2601690847/yCgqXeeKG。

为公"的最高统治者的"禅让",也相当完满地实行了官员,尤其高级官员都普遍地经过推荐和考试来选拔的制度。但是,传统社会的确没有实行过民主制度,而在古代的中国,除了君主制似乎也看不到其他选择最高统治者的方式。民主不会是一个人的发明,而是各种形势和力量长期发展和组合的结果。而中国历史上的确没有出现过这样的时势,也就没有产生过这样的理论和实践。所以,他们只能在一种特定的政治秩序——君主制度中尽力改善,以求其尽可能好地护养生命。这样,我们就涉及政治秩序的必要性,以及特定的政治秩序与一般的政治秩序的关系问题。

正如前述,生命作为最基本的价值,保存生命是第一位的社会道德原则,这在中国的先贤那里是有许多丰富和饱满的论述的。例如在孟子那里,他所主张的"王道",就包括了君主或国家必须遵循的保存生命原则的两个方面:一是必须保民,即保全人民的生命安全不受战争与内乱的侵犯,不许君王为对国土、权力的追求而发动战争;一是必须让人民有休养生息的条件,让民众有自己的财产,男女老幼能过上比较富裕的生活[1]。生命原则从价值上看,意味着生命是作为目的本身就宝贵的,由此,则所有人的生命都是宝贵的,所有人的生命在基本生存的层面都有一种不可剥夺的意义。

---

[1] 详请参考拙文《"王道之始"与"义利之辩"》。

而要保存人的生命，确保和平与安全，也就必须建立一种社会政治秩序，这样就使人们不会在不可免的欲望与利益的竞争和冲突中轻易丧生，就能找到一种权威的力量来仲裁这些冲突的要求。人是社会的动物，是政治的动物。在人类出现的早期，人的最大的敌人或应付对象是严酷的自然界和其他的动物，最需要克服的困难是如何合群以应对自然界的各种灾难或匮乏，也包括如何应对其他动物的侵袭或捕猎它们。后来人最大的敌人则是人自己，是其他的人或者人类群体。人要保全生命和财产，更进一步来说还要发展，还要寻求各个人或各个群体的繁荣与幸福，为此就不能不结成政治社会。这可以说是政治秩序的一般理由和道德根据。

而一般的政治秩序总是寓于某种特殊的政治秩序之中的，特殊的政治秩序也总是反映着一般的政治秩序。特殊的政治秩序还会反映不同的历史和民族的特点，但它也总是和一般的政治秩序及其道德理由有一种深层的联系。除非某种政治秩序"特殊"到损伤和戕害生命超过了无政府的自然状态的程度，那么，它的存在就总是具有某种道德的理由。[1] 所以，就特定的君主制的政治秩序而言，"三纲五常"有一种历史的意义；而就其还反映了一般的政治秩序而言，它还具有一种普遍的意

---

[1] 我在此前的《从传统引申：和平与政治秩序的关联》一文中，曾论述过保全生命与政治秩序的关联。参见拙著《良心与正义的探求》，黑龙江人民出版社，2004年1月版。

义,包括现实的意义、当代的意义。我想特别强调的是,这种意义是道德的意义,或者说,为一般的政治秩序辩护的理由主要是道德的理由。这种理由就在于:政治秩序对减少生命和财产的损失具有基本的意义。支持一种政治秩序的最重要理由是看它后面隐藏的最基本和优先的道德原则——保存生命的原则。当然会有一些特殊的情况,比如遇到暴君和暴政,这就提出了暴力反抗和革命的合理性问题,但只要它保持了一种基本的政治秩序,防止了战争、内乱等大规模的流血,它就还有一种道德的意义。

这种道德意义并不需要君主的动机甚至品德一定是大公无私的,其动机可能是自私的,但客观上还是有一种道德的意义。而真正的大儒,真正睿智的政治家,也并不是为君主制而君主制的,他们能够看到君主的问题:以暴力夺取天下的第一代君主虽然富有干才,但容易走向暴政;而后来"生于深宫、长于妇人之手"的后代君主,却有可能走向平庸甚至昏庸。他们也设计了种种制度和观念,试图用"天谴""天命无常""民能载舟,亦能覆舟"以及儒家所主张的君德来规谏、教育君主及其继承人,提升他们的德行和责任感。

所以说,虽然看起来在纲常方面儒家与法家的主张有些类似,但儒家的愿心与法家的愿心,以及它们分别要达到的目的与效果是不一样的。从战国秦汉的历史来看,正是儒家纠正了法家,从而为一味功利强权的国家政治提供了一种道义的基础和限制。

在中国历史上，孜孜不倦地努力限制君权的正是儒家；为君主制度提供一种道义的约束和人道价值基础的也正是儒家，而且，正如上述，这种努力还不只是道义观念上的，儒家还探索与实行了一套选举、监察、规谏等与君主分享权力、共治天下的制度。如果不是儒家，而使权力任由法家主导，那么，君权只会更绝对，历史上无疑会出现更多的暴君和暴政。虽然用今天的观点来看，儒家这种对君权的限制还不够有力，还没有上升到法治的层次上来，但当时的客观形势的确还没有形成能够提出一种民主共和制度的条件。

四　道德独立于政治而恒久

如果我们能够看到儒家所主张的"纲常"后面的基本的生命价值，看到"纲常"要维护的最根本的道德原则其实是保存生命的原则，那也就不难理解：以汉族为主体的中华民族数千年的存续，中国社会及其历史文化相当连贯一致的传承，的确有赖于传统"纲常"。

《论语·为政》记载了有关儒家政治与历史哲学的重要一章。

> 子张问："十世可知也？"子曰："殷因于夏礼，所损益，可知也；周因于殷礼，所损益，可知也"。

"世"据先儒注解，是指"王者易姓受命为一世"，不是指个人家族的一世，而是指一个王朝、一个朝代；而我们在此要特别注意所"因"与"损益"的区分，"因"也就是继承、传承，是不变；而"损益"则是变化、改变和增减。夏、商、周三代或三世之间，既有传承，又有损益：既有永久不变的东西，不可"与民变革"的东西，又有必须根据时代情况变革的东西。

对于夏、商来说，由于是追溯过去，是已经发生的历史，所以，孔子说，连"损益"也是知道的；至于所"因"更是不言自明。但由于还处在周朝，周朝还没有过去，所以，当子张再问自此以后，"十世之事，可前知乎？"孔子回答说："其或继周者，虽百世可知也。"孔子虽然崇尚周文，希望复礼，但看来也并不认为任何朝代能够万世一系。他对未来还是保持着开放的态度，即认为未来还是会有变化，还是"或有继周者"；但他也深信，未来的不仅十世，甚至百世，不论是什么王朝，都还是可以知道的，这可知的自然不会是与时俱变的"损益"，而是所"因"了。

那么，这不仅过去的朝代可知，连未来的百世也可知的所"因"是什么呢？它一定不会是枝叶，而一定是社会的根基，是社会最基本的原则。

朱熹在《四书章句集注》卷一中引用了马融的注疏：

所因，谓三纲五常。所损益，谓文质三统。

并自己解释说：

三纲，谓：君为臣纲，父为子纲，夫为妻纲。五常，谓：仁、义、礼、智、信。文质，谓：夏尚忠，商尚质，周尚文。三统，谓：夏正建寅为人统，商正建丑为地统，周正建子为天统。

他特别强调说：

三纲五常，礼之大体，三代相继，皆因之而不能变。其所损益，不过文章制度小过不及之间，而其已然之迹，今皆可见。则自今以往，或有继周而王者，虽百世之远，所因所革，亦不过此，岂但十世而已乎！

朱熹并引胡氏语说：

子张之问，盖欲知来，而圣人言其既往者以明之也。夫自修身以至于为天下，不可一日而无礼。天叙天秩，人所共由，礼之本也。商不能改乎夏，周不能改乎商，所谓天地之常经也。若乃制度文为，或太过则当损，或不足则当益,益之损之。与时宜之,而所因者不坏,是古今之通义也。因往推来,虽百世之远,不过如此而已矣。

也就是说,我们预测未来往往是依据我们的过去。我们要从时代发现和改革那些需要改变的东西,但我们也需要从历史发现和传承那些不能改变、至关重要的东西,这不能改变的东西就是"纲常"。我们有赖于"纲常"来维系社会和保存生命。这是道之大体,也是礼之大体,或者说国之大体。即便我们今天说"纲常"的内容也还是会有"损益",外延还是会有缩减,比如说孔子与朱熹所处的社会都还是君主王朝的社会,他们还无法设想平等的民主社会,所以他们把"纲常"理解为包括了"君为臣纲"的"三纲五常",但即便如此,一种"纲常"的核心无论如何是不可改变的,是不可抛弃的。而且,我们也看到,传统的"三纲五常"也的确对保存中华民族与文明的连贯传统功莫大焉。

朱熹在回答弟子有关此一章节的提问时对此有更多进一步的阐发。[1] 他强调所"因"与"损益"的不同,后者可变易,前者不可变易。而且后者是为前者服务的:"此一章'因'字最重。所谓损益者,亦是要扶持个三纲、五常而已。"至于为什么纲常的基本内容不变,但不同的王朝、时代还是会有所变

---

1 《朱子语类》卷二十四,《论语》六,以下朱熹引文均来自此。

化和"损益",他认为前者是来自天理,后者是来自人为:"所因之礼,是天做底,万世不可易;所损益之礼,是人做底,故随时更变。"

这变化有些是必要的,朱熹认为这主要是"时势"所带来的变化,而且这种变化往往是纠上个世代所偏,往往是因为上个朝代的政策走到极端而不得不救其流弊。"变易之时与其人,虽不可知,而其势必变易,可知也。盖有余必损,不及必益,虽百世之远可知也。犹寒极生暖,暖甚生寒,虽不可知,其势必如此,可知也。"比如:"周末文极盛,故秦兴必降杀了;周恁地柔弱,故秦必变为强戾;周恁地纤悉周致,故秦兴,一向简易无情,直情径行,皆事势之必变。但秦变得过了。秦既恁地暴虐,汉兴定是宽大。"他甚至认为即便是孔子参三代而不是只参前一代所做的"损益",及其到最后,也不可能无流弊,所以,一个时代接一个时代的时势变化是不可免的,与时俱进的变革也就是不可免的。

但这里有一个可能的挑战,就是孔子说后继周者,百世可知,即所"因"会一致,都不会离弃纲常。但作为后世第一个重新统一天下而继周的朝代却是相当残酷暴虐的秦朝,这如何解释?朱熹认为:即便在苛政甚至暴政时期,纲常也并没有完全泯灭,秦始皇虽然专制和残暴,但有些东西是他也不敢变或不能变的,他还是要维持社会一种基本的政治和伦常秩序,只是他"安顿得不好"。的确,"秦最是不善继周,酷虐无比",

是"大无道之世",但是,"毕竟是始皇为君,李斯等为臣;始皇为父,胡亥为子",以及"扶苏为兄,胡亥为弟,这个也泯灭不得"。"如尊君卑臣,损周室君弱臣强之弊,这自是有君臣之礼。如立法说父子兄弟同室内息者皆有禁之类,这自是有父子兄弟夫妇之礼,天地之常经。"其"所因之礼,如三纲、五常,竟灭不得"。只是后来秦始皇等自坏纲常:"至秦欲尊君,便至不可仰望;抑臣,便至十分卑屈。"又重用赵高等奸臣,使胡亥僭越登位,等等。我们还可以说,秦亡的原因还包括继续迷信暴力强制,丢弃了纲常后面的主旨和深意——统治者应当以民为本,关怀民生,保障生命,而秦始皇却钳制言论,杀戮士人,大修阿房宫、长城、横征暴敛,刑法严酷,不顾人民死活,终于导致了推翻秦朝的大反抗。对纲常的遵守的确会有自觉与不自觉、努力与不努力、彻底与不彻底、坚定与不坚定之分,而委弃纲常最终将导致自身的覆亡乃至持久的乱世。以私意夺取政权、统一天下固然也有结束战争、维持社会秩序,从而客观上减少了对人们生命的损害的一面,即有不自觉地"履行纲常"的一面,但如果一味以私意行之,这种对"纲常"的"履行"是不会全面、持久和坚定的,从而会有新的扰民、害民,最后则导致"覆舟"。

所以,朱熹得出的结论是:"纲常千万年磨灭不得。只是盛衰消长之势,自不可已,盛了又衰,衰了又盛,其势如此。圣人出来,亦只是就这上损其余,益其不足。"有一些基本的生生与合群之道一直被古人直觉地视作"天经地义"。当然，这"纲常"的具体内容会有"损益"，这"纲常"被一个社会的重视程度和影响会有"盛衰"，这"损益"和"盛衰"就依我们对它的主观态度和努力程度而定。也是在这一意义上，我们说道德不仅有独立于政治的一面，而且比任何特定的政治制度和意识形态都更永久。

汤因比在他的巨著《历史研究》中认为，在人类近六千年的历史发展中，共出现过二十多种文明形态。而在这二十多种文明中，至少有将近二十种文明——如曾经灿烂辉煌的古巴比伦文明、古埃及文明、古墨西哥文明、玛雅文明等——已经消失，还有几个早已停止发展，现今也奄奄一息。目前现存的文明形态不足十种，其中最强势的自然是西方基督教文明，还有东正教文明、中国文明、伊斯兰文明、印度文明等。

而在他归纳的这所有文明形态中，中国文明可以说是最具有连贯性的，它拥有自己独特的数千年的连贯发展的历史。其他的文明，或是一度辉煌，然后早夭；或是历史较短，属于新兴；或是换民族、换文化，继续接力，例如曾经极度灿烂的古希腊文明在雅典等城邦衰落之后，中经了古罗马文明、中世纪基督教文明，最后又分化出东正教文明，而西方的一支又迭经英国中心、美国中心等格局，才成为现在这一强势的现代西方文明。而中华文明基本是一脉相承的，其主体一直是以汉族为主的中华民族，虽然其间也不断进入如陈寅恪所说的"种族的新血",但是文化的传承是一贯的,种族也没有大的变化[1]。那么,是什么因素使中华文明以及民族生生不息,保持了这样一种连续一贯性呢?除了相对自成一体的地理环境、很早就形成的国家强力等因素之外,作为社会政治秩序与文化之道德核心、被人们普遍信奉的传统"纲常"应该说对此起了最重要的作用[2]。

五 今天的中国社会亟须重建"纲常"

然而,中国自从在19世纪开始与西方大规模遭遇与冲突,就不得不大变,不得不改变自己的"千年传统",开始被迅速拖入了一个必须发愤图强以求生存的过程,也开始进入了一种一波又一波、越来越激进的"启蒙与革命"的过程。中国的自强洋务运动被甲午战争打断,而由此战激起的戊戌变法,又不

---

1 如钱穆言:"欧洲历史,从希腊开始,接着是罗马,接着北方蛮族入侵,辗转变更,直到今天。他们好像在唱一台戏,戏本是一本到底的,而在台上主演的角色,却不断在更换,不是从头至尾由一个戏班来扮演。而中国呢?直从远古以来,尧、舜、禹、汤、文、武、周、孔,连台演唱的都是中国人,秦、汉、隋、唐各代也都是中国人,宋、元、明、清各代,上台演唱的还是中国人,现在仍然是中国人。"(1941年冬重庆中央训练团讲演)
2 基辛格最新的一部著作《论中国》也如是认为:"千余年来中国得以延续至今,主要靠的是中国平民百姓和士大夫信奉的一整套价值观,而不是靠历代皇帝的惩罚。"中信出版社,2012年版,第6页。译文根据英文原版略有变动。

幸被一些文人而非政治家主导而中夭。辛亥革命应该说还是一场流血代价比较小的革命，但是，既然清帝退位，人们却似乎没有耐心去培育最需要时间来培育成长的民主共和制度，而是急不可耐地想走捷径，向外人似乎"最快也最成功的根本解决办法"学习，这就容易走到虔信意识形态的诈力和武装斗争的暴力。从新文化运动开始，人们以为全盘改造和彻底否定才能创造一个新的富强世界，于是在必要的启蒙之外，对整个中国历史文化传统发起了猛烈攻击，而"三纲五常"则首当其冲。"三纲五常"的具体内容固然可以根据时代的要求进行调整，但是，人们似乎连整个"纲常"都要彻底抛弃，因为不破不立，现在有了外来的、时兴的思潮和主义可以作为新的旗帜。

这种对"纲常"的抛弃和轮番攻击可以说在"文化大革命"期间达到了最高潮。在"文革"的初期，有席卷整个社会的"破四旧"运动，把早已经奄奄一息的传统"旧思想、旧文化、旧风俗、旧习惯"，包括许多古迹和文物又彻底扫除了一遍。在"文革"的后期，又有全国全民参与的"批林批孔"运动，把"孔子要复礼"和所谓"林彪要复辟"联系起来批判，宣讲儒法斗争史，大批儒家，赞许法家，包括赞扬秦始皇。这次"批林批孔"运动虽然没有在器物上打砸刨烧，却试图深挖传统文化的思想"老根"或精神灵魂，不仅与"传统的所有制关系"，也与"传统的观念"实行"最彻底的决裂"，同时也试图接上中国历史文化中的另一个传统，即在运动中大力标举的法家和专制者的传统。知识分子、包括许多原来尊孔崇儒的知识分子也被纷纷驱上反孔反儒的战车[1]。孔子、儒家以及礼教纲常也在社会大众的层面被污名化，这种影响波及至今，对社会道德的伤害是绝不可低估的。

传统文化及其"纲常"同时也受到了从1919年到1989年的许多具有自由主义倾向的知识分子的批判，而在近二十多年来虽然有一些恢复和重整，但也遇到了市场经济大潮的冲刷。经过近百年的反复批判和轮番冲击，应该说传统"纲常"的观念已经非常衰微，以儒家为主要代表的历史文化传统在一些重新到来的信仰者的艰苦努力下有一些重振的趋势，但基本也还是处在社会边缘的位置。

我们观察今天的中国社会。中国弃君主行共和已经百年，现在正进入它的第二个百年。抚今追昔，它在近年来的成就是有许多方面可以感到骄傲的。在历经战乱和动荡之后，中国在最近的三十年经济和国力终于有了突飞猛进的发展，经济崛起的成就举世共睹。然而，奇怪的是，这些成就却似乎未给国人带来精诚的团结与共识，也未带来充分的自信和互信。相反，我们却看到：江海污染，食品有毒，执法粗暴，路人冷漠，官

---

[1] 例如1949年前试图复兴儒家理学的冯友兰，虽然他在1949年后已经多次受批和检讨，从而认定孔子是代表剥削的地主阶级利益，但在"批林批孔"运动中，则再次认定孔子是更为反动的奴隶主阶级的思想代表。

德不彰，民风不淳，暴力辱骂等得到喝彩，许多富人准备移民，而隐秘的"裸官"恐怕也为数不少。

这种道德乱象值得我们特别注意和警惕的地方在于：一是它的恶劣性的严重程度——官员的腐败不仅在很高层出现，甚至在一个小地方，一个乡长、镇长、银行分行的行长，也能贪腐上千万乃至上亿，而一个区的局长也能占有数十套房屋；二是它的广泛程度，即不仅有权力的腐败，还有社会学家所说的"社会的溃败"，只要稍稍有一点临时的权力可用，或稍稍有一点缝隙可钻，就会出现吃相难看的滥用和"揩油"。亦即凡是稍稍有点权力的地方都出现腐败；甚至没有权力的地方也在努力造出"权力"而走向腐败。另外还有相当普遍的冷漠、对生命的不在乎和对公共礼仪与法规的无所谓，例如看到一个孩子或老人倒在大街上不去救助而酿成惨剧，连续发生的幼儿园校车惨祸，货运客车发生车祸不去救人而是哄抢车上货物，旅游海滩一夜涌进万人而满地垃圾，等等。的确，有的情况，比如像最后一个例子中的失德是轻微的，但如此广泛却还是让人担心。

我们社会的基本信任、基本善意看来正在流失，有时甚至是相当快速地流失。政府的公信力遇到严重的危机，人们甚至对似乎只要是来自官方来源的信息就本能地不予相信（塔西佗困境）。而有些人做一些善行，也马上就被怀疑是另有不良动机甚至"阴谋"，或至少是"消费"和"炒作"。我们正在丧失起码的规矩，失掉基本的纲常。拿过去道德信誉和要求最高的两个行业——教师与医生、护士来说，今天也同样受到严重的侵蚀，教师和医生的形象，以及师生关系和医患关系，都出现了严重问题。当然，最要紧的问题还是：官像不像官？因为官员是处在这个社会最要紧、最影响别人的地位。而对我们所生活的社会与道德是否有信心和愿意负责任的一个关键检验，还可以看人们，尤其是上层、精英，是否想逃离这艘大船，而正如上述，我们的社会的确出现了这样的一些逃离迹象。而知识界与社会在如何解决这种种问题的方案上，却出现了严重分裂、对立，甚至出现了一些极端主义的情绪和主张。一位经济学家如此写道："中国经济社会矛盾几乎到了临界点。如果不能靠稳健有序的改革主动消弭产生这些矛盾的根源，各种极端的解决方案就会赢得愈来愈多人的支持。"[1]

这种种触目惊心的失范甚至败德现象的原因究竟是什么？它们究竟来自何处？我并不认为这就意味着中国人的人心特别不好，或者中国人的民族性、国民性就特别糟糕。同时，我也并不认为这就"标志着中国道德的全面崩溃"。我还是相信人心，相信中国人的人心，相信孟子所说的"恻隐之心，人皆有之"，哪怕是这一根本的同情心和共念由于各种原因而常常变得微弱而没有导致行动和变成责任。这许多问题和事件诚然是

---

[1] 吴敬琏：《中国经济社会矛盾几乎到了临界点》，见财经网：http://magazine.caijing.com.cn/。

我们社会的羞耻，是中国的忧伤，但人性在世界上其实是差不多的。虽然也还有国民性的问题，这由该民族的历史文化和当下的政治制度养成，而我们民族悠久的文明历史已经说明，传统中国人的道德风俗在世界上也绝不低下。但我们也的确要承认近百年来社会纲常被破坏所带来的严重影响，而且我们还是处在一个过渡期，是旧的已然破坏，新的却未立起，于是，在这样一个激烈的转变期，社会道德也就出现了种种严重的问题。但一个社会的道德风俗，甚至一个民族在一段时间里形成的道德品格是可以改变的，而要实施这种改变，制度是重要的，而善用政治的杠杆尤其关键。

我们需要探讨上述种种负面现象的直接原因，并提出对策。但是，我们又不能头疼医头、脚疼医脚，只是疲于应付，甚至无所作为。我们还应当努力寻求一种"长治久安"之道，而非得过且过。从消极的也是紧迫的方面说，是要防止分裂和灾难；从积极的也是根基的方面说，是要寻求社会的长治久安之道。过去的一个世纪的大部分时间还是处在一个相当激烈动荡的"过渡时代"，一个旧的社会已经被彻底打破，但是，一个具有共识和自信、能够长久稳定和发展的新社会的体制和观念体系迄今还没有真正地建立起来。我们目前只是走出了一个激烈动荡的过渡时代，甚至依然处在一个尚称和平的转型时期，但还没有建成一个具有长久稳定的体制的新社会，并且要随时警惕激烈的社会动荡还可能再来。所以，我们急需探寻确立一种新社会的类型，而优先的又是奠定这个社会的道德基础：从它的伦理纲常到它的政治正义。换言之，我们需要探寻和构建一种从制度正义到个人义务的全面的"共和之德"。

然而，恰恰是在这一方面，我们看到了我们的"软实力"的严重不足。因袭的政治意识形态和现实的社会生活严重脱节，结果使人们心口不一、言行不一，空话和套话流行。这种因袭的意识形态基本上还是从一种"打天下"的理论脱胎而来，而不是一种长久的"治道"。就其源头和早期历史来说，它还是一种外来的、曾经激烈否定中国文化传统的思想。今天我们应该有多种多样的尝试，来从理论上探讨充分利用中国历史文化中深厚的道德资源，同时又充分地考虑现代世界的发展，构建一个能够作为新的社会道德根基的伦理体系。

而在这方面，传统的"纲常"可以给我们许多有益的启示。近代以来，我们实际也看到一些借鉴传统"纲常"而重建新的"纲常"的努力，虽然它们迄今还不是我们社会思想的主流。早在20世纪初，梁启超在他的《新民说》等著述中，就试图探讨构建一种新社会的伦理。前些年台湾在经济开始起飞之后，亦曾有在五伦之外构建"第六伦"即公民、陌生人之间的伦理的讨论。抗战期间，贺麟在1940年的《战国策》第3期上发表有《五伦观念的新检讨》一文，他在文章中写道："五伦的观念是几千年来支配了我们中国人的道德生活的最有力量的传统观念之一。它是我们礼教的核心，它是维系中华民族的群体的纲纪。我们要从检讨这旧的传统观念里，去发现最新的近代精神。从旧的里面去发现新的，这就叫作推陈出新。"在结尾又说："现在的问题是如何从旧礼教的破瓦颓垣里，去寻找出不可毁灭的永恒的基石。在这基石上，重新建立起新人生、新社会的行为规范和准则。"还有像钱穆的《国史大纲》、冯友兰的《贞元六书》等，都是在试图从不同的角度与方面唤醒传统、恢复尊重，同时也改造传统，推陈出新。以五四运动为标志的"启蒙"自有它的重大意义，但也有它的盲点和流弊。现在也许是应该"启""启蒙"之"蒙"，或者说，纠"启蒙"之流弊的时候了，更勿论也需"革""革命"之"命"。[1]

---

[1] 当大陆在进行"文化大革命"的时候，台湾有一"中华文化复兴"运动。近年大陆也开始有一些对三纲五常的重新讨论，例如叶蓬《三纲六纪的伦理反思》，《河北师范大学学报（社会科学版）》1997年第3期；陈瑛《三纲五常的历史命运——寻求"普遍伦理"的一次中国古代尝试》，《道德与文明》1998年第5期等。尤其最近两年，更有一场有关传统"三纲五常"价值的比较深入的辩论，可参见方朝晖《"三纲"真的是糟粕吗？——重新审视"三纲"的历史与现实意义》，《天津社会科学》2011年第2期；李存山《对"三纲"本义的辨析与评价——与方朝晖教授商榷》，《天津社会科学》2012年第2期；张晚林《"三纲五常"新证——与方朝晖、李存山先生商榷》（刊于《儒家中国》网站：http://www.rujiazg.com/list.asp？typeid=6），方文尝试为"三纲"平反，认为它的本义绝不是指无条件服从，而是指从大局出发、"小我"服从"大我"；"三纲"精神是未来中国实现健全民主的条件之一。张文认为，"三纲五常"被认为直接对抗于现代民主政治中的自由与平等理念。但中西方古典的政治学，都很少提及自由与平等观念，而是让人回归到理性存在中，这里自有平等与自由，但亦承认人格的等级性与差别性，这正是古典高贵精神的体现。他还谈到古典社会之精神可称之为"质量精神"，而现代社会之精神则可称之为"数量精神"，（转下页）

总之，中国的经济和国力近年虽然大幅崛起，但文化与道德的状况看来并没有与之同步发展，在某些方面甚至有趋下之势，陷入危机。"礼义廉耻"更是百年来受到轮番冲击，常常是四面皆弱，甚至摇摇欲坠。中国的数千年历史悠久而又似显沉重，又值一个先是屈辱和动荡，后是暴力和战胜的百年之后，现在又正从边缘处走向世界舞台的引人瞩目之处，"旧邦新命"，责任多多，问题也多多，这也就更增加了社会与道德重建的必要性和紧迫性。问题多多却更要分清主次；时间紧迫却不可应付了事，还是要谋求根本的长久之道，而一个根本的解决办法就在社会道德根基的确立。这是道德的重建，也是社会的重建，因为一个社会的根基必须是道德的，而这道德又必须是最基本的。

前者是精神的、贵族的、立体的，后者是物质的、大众的、平面的。三纲说乃承袭一种古典高贵精神而来，在求上位者先尽其德而为一理性存在，下位者勉而从之，由此完成一个各尽其德的理性存在的理想世界。这不但不违背自由，而且是各适其位、各尽其性的真正自由。

第二章 为什么提「新纲常」?

我们可以极其简略地追溯一下旧纲常正式形成以后的历史过程：因纠"秦制"及战国以来的社会风俗而"更化"、结合以儒家为主要代表的"周文"而形成的"汉制"——其社会伦理的核心即三纲五常——成为后来两千多年传统中国社会政治制度的基本范型。由于重视了德行文化，加强了社会的上下流动，西汉的人才相当可观，地方政治也富有活力。虽然有两汉之间的大动乱，但刘秀借助人们对西汉的记忆和正统的力量，重新恢复了汉家王朝，使四百余年的两汉成为秦以后中国历史上最长久的一姓王朝。东汉一朝也甚砥砺名节，用顾亭林的话说，这也是东汉后期虽然多庸主乃至昏君，但还能多年不坠的一个原因[1]。后来则又是国家分裂，鼎立而三，暴力权谋盛行，俨然回到了"战国"。继又"禅让"闹剧屡演，以致有的统治者都不好再以"忠"为标榜，而称"以孝立国"。在西晋

1　参见《日知录》，卷十三"两汉风俗"。

的短暂统一之后又是长期的分裂和战乱，地方世族力量大大上升，东晋俨然一段"小春秋"时代。

在近三百年的动荡分裂之后，隋朝重新统一了中国，却又如秦不久即灭。唐朝的辉煌时期几可与汉比肩，科举制度也于此时稳固确立，但后来陷入了藩镇割据。五代十国之后，北宋的建立可以说是历代王朝更迭中最为"顺取"、几乎兵不血刃的一次，而它也可以说相当的"顺守"，君臣关系比较和平，有时甚至还有亦师亦友的意味，君主对违逆或不顺主意的大臣也不予诛杀，一般只是流放，只是由于价值观等问题，其武力乃至国力并不强劲，而此时又遇到了北方强邻的崛起。但是，后来的南宋在北方强敌的压迫下竟又维持了一百五十年，也可说有被前朝德风流泽之因。君主集权在明太祖时期可以说达到了最高峰，他在战火中夺得政权之后又屡次大杀功臣，永久罢弃相位，并撤除了明确主张"民贵君轻"的孟子的祭祀。明朝君主且常常在朝会时廷杖大臣。然而，在暴政之下，并不就是社会风俗的改良，相反，有明一代，尤其是到明末，社会风气变得相当放纵和松弛。最后是清人入关，迅速夺得了天下，且有过康乾盛世。

中国到 19 世纪中叶遇到了以前从未遇到过的，不仅武器工具上强有力，而且具有制度与文化优势的西方列强，而清朝能在如此压力下抗衡（也包括通过改革变法来抗衡）七十年也属不易，最后它的结束也像它的取胜，辛亥革命在很短的时间内就迅速结束了，并且没有像以前多数改朝换代那样连年战火，伏尸百万，这也算是中国的幸事。

在这两千多年的历史过程中，传统"纲常"并没有因为社会分裂动乱、政治改朝换代而泯灭，被人们忘记，相反，一次次被重申为国本，而传统"纲常"也的确起到了长期维系中国社会与文明的中坚作用。直到近代遇到西方的全面挑战，历经百年种种新思想的刺激，更重要的是，在社会发生了根本变迁的情况之下，传统"纲常"必将经历一次浴火重生、推陈出新的大历练。

一 传统社会对旧"纲常"的反省与坚持

传统"纲常"的主要功能在于维持稳定的社会政治秩序，而其后面的、由儒家阐发的主旨在于保障人民的生命财产安全，同时也力图通过上层的道德示范与责任，造成一种家国合一、尊尊亲亲的道德风俗。正如前述，它的确在使中华文明延续数千年方面起到了重大作用，但是，它也有自身的困难和问题，而"三纲"中最吃重的是"君为臣纲"，最主要的困难是对君主权力的限制，使其真正能够促进上述道德目的的达成。儒家在这方面的主要措施有：

1.通过将君主置于"天之子"的地位，试图使天子受到更高的"天"的约束。这包括指出天命是可以转移的，天命最终在于人事，在于君主的行为，如果君王暴虐和昏庸不止，那么天命就会转移到另外的德行高尚的人身上。也就是说，总是有改朝换代的可能，有"汤武革命"的可能。在孟子看来，在这样的情况下，一个残暴成习的帝王即便还暂时居于君位，却是被视作可以推翻的"独夫"。董仲舒也试图用通过天灾显示的天谴来威胁和警告君主。而在有重大天灾或人祸的时候，天子也是要下"罪己诏"的。

2. 在人事等政治制度上，努力用官员制度来约束君权。君主无论如何是不可能一个人治国的，这样就有可能有意识地提升官员的地位，包括设置丞相来调节君权，而更重要的是，通过确立和完善一套从察举发展到科举的选拔官员的严格制度，使皇帝不能随意干预官员队伍的选拔。这样整个官员阶层都是按照儒家的道德思想培养和选拔出来的，皇帝并不能随便染指，不能随意赠予他喜欢的人以功名，也不能随意改变举行科举考试的内容和时间。除了一套严密客观的推荐和考试制度，也还有一套监察制度，官员被鼓励规谏君主，甚至不惜冒死规谏。同时史官也要发挥作用，记录君主的各种行为。包括最后给予每个君主的类似于盖棺论定的谥法。以此种种措施，努力形成一种"士大夫与君主共治天下"的局面。

3. 在君主及其继承人的教育培养上，也是以儒家思想为主，这些思想包括君主应当品德高尚，应当爱民、实行仁政等。还有对礼制的尊重，对名器的尊重，对政治传统的尊重，对祖宗家法和成例的尊重，等等。

这些措施应该说还是有相当效果的，对历代统治者构成了一定的约束，也为社会，尤其是为构成官员主要来源的士人所赞成，从而对中国社会具有重要的影响力和吸引力。否则我们不会看到，中国在秦之后两千多年的历史上，虽然也迭有动乱和分裂，但还是一次次地回到这些基本的制度和纲常上来。包括一些征服王朝的统治者也是如此，例如北朝、清朝，甚至更为粗放桀骜的元朝统治者，最后也都在某种程度上接受了这种文化的"驯化"和来自周文汉制的宪章制度。

不过，我们同时又应看到，这些措施对于君权的限制并不是足够有力的，尤其在一些重要的方面，主要还是道德观念上的约束，而缺乏实力的制约和抗衡。而儒家也经常在究竟是恢复"封建"的古意以分散君权，保持地方的活力，还是加强君权，以保持社会的稳定之间犯难。所以，我们看到，比如在唐朝，像韩愈等有鉴于隋以前中国的长期分裂局面，而又痛感于当时地方割据势力增长所带来的社会动荡，以及佛道对消弱国家能力的影响，更倾向于加强君主的中央集权。韩愈在《原道》中追溯先王之道，认为其法是"礼、乐、行政"；其民是"士、农、工、贾"；其位是"君臣、父子、师友、宾主、昆弟、夫妇"；"明先王之道以道之"，可使"鳏、寡、孤、独、废、疾者有养也"。因为圣人之所以称王，也就是为了"相生相养之道"。"古之时，人之害多矣。有圣人者立，然后教之以相生相养之道。……如古之无圣人，人之类灭久矣。何也？无羽毛鳞介以居寒热也，无爪牙以争食也。"有鉴于唐朝的统治者和社会都比较信佛，"今也欲治其心而外天下国家，灭其天常，子焉而不父其父，臣焉而不君其君，民焉而不事其事。"他着力辟佛，故而特别强调等级纲常中服从的一面：

> 是故君者，出令者也；臣者，行君之令而致之民者也；民者，出粟米麻丝，作器皿，通货财，以事其上者也。君不出令，则失其所以为君；臣不行君之令而致之民，则失其所以为臣；民不出粟米麻丝，作器皿，通货财，以事其上，则诛。

这是"治于人者食人，治人者食于人"的严厉版，但归根结底还是为了"生养之道"。因为在他看来，"弃而君臣，去而父子"，也就是"禁而相生相养之道"。

宋朝君主权力相对宽松，社会风气相对文弱，而当时又面临强大外患，所以学者也是主张加强国家能力和君主权力较多。例如司马光说："夫以四海之广，兆民之众，受制于一人，虽有绝伦之力，高世之智，莫不奔走而服役者，岂非以礼为之纪纲哉！是故天子统三公，三公率诸侯，诸侯制卿大夫，卿大夫治士庶人。贵以临贱，贱以承贵。上之使下犹心腹之运手足，根本之制支叶，下之事上犹手足之卫心腹，支叶之庇本根，然后能上下相保而国家治安。"[1]

而像明末清初的一些大儒，例如黄宗羲，痛感于明代从朱元璋开始的罢置丞相和君主专制，就更多地批判君权。而我们也的确看到，在中国历史上，君主的权力总的说是呈高涨之势，君尊臣卑的趋势总的说来是越来越严重。这样，从历史总体看，像黄宗羲对绝对君权的批判也是富有意义的。

在长期一味强调服从君主的气氛中，黄宗羲《明夷待访录》一书的确有空谷足音的感觉，它直探政治秩序的根本，明确君臣的职分，重新强调民本。对"君为臣纲"的反省，明末清初的大儒往往一是从君主与天下、与社会的关系来立论，一是从君主与官员、与臣的关系来立论。从前者来看，黄宗羲很难得地，也很现实地认为："好逸恶劳，亦犹夫人之情也"，"向使无君，人各得自私也，人各得自利也"。他并不从一种性善论出发，而"君主"的本性也包括在内。如果作为君主只能为人民殚精竭虑地服务，那么，他认为没什么人会愿意做君主，而正是因为君主能将天下作为自己的私产，人们就会争抢做皇帝了。所以，他以理想化的古代君主来批评今天的君主："古者以天下为主，君为客，凡君之所毕世而经营者，为天下也。今也以君为主，天下为客，凡天下之无地而得安宁者，为君也。"他认为天下或者说社会、万民才是真正的主人，不断

---

[1] 见《资治通鉴》开首评论。

换人的君主只是客人。以一姓奉天下、奉万姓，而不是以天下万姓奉一姓。这才是君主的职分。"岂天地之大，于兆人万姓之中，独私其一人一姓乎？""盖天下之治乱，不在一姓之兴亡，而在万民之忧乐。"

天下如此之大，也不是君主一人能治理的，所以还需要官员。而官员之出而仕也，也是"为天下，非为君也；为万民，非为一姓也"。所以，君臣的正确关系应当是"夫治天下犹曳大木然，前者唱邪，后者唱许。君与臣，共曳木之人也"，只是分工不同罢了。而且，局部地看，臣其实也可以说是"君"。"原夫作君之意，所以治天下也。天下不能一人而治，则设官以治之；是官者，分身之君也。"而且，他还注意到臣与子的区别，反对将臣与子并称，认为"父子一气，子分父之身而为身。故孝子虽异身，而能日近其气，久之无不通矣"；而"君臣之名，从天下而有之者也。吾无天下之责，则吾在君为路人"。这在某种意义上其实也是反对"君""父"并称、"忠""孝"并称，是注意到"君为臣纲"与"父为子纲"毕竟还应有所区别。无论怎样强调儿女服从父母，一般的父母毕竟都不会怎样为难儿女，因为这里有天生的一种感情或者说天性，父母一般都会慈爱自己的子女，而且他们朝夕相处，直接接触，也会加强一种亲情。而君主几乎不可能与众多臣下发生和保持这样一种亲密和慈爱的关系，所以，政治领域虽然常常更有服从的必要，但意识到"君"与"父"、"臣"与"子"

的这样一种差别也是重要的。它可以使我们意识到移"孝"作"忠"的可能危险，乃至将私人领域与政治领域过分搅和在一起的可能危险。

黄宗羲还认为，学校应当不仅是养士的场所，也是清议的场所，这一点也是和朱元璋在明初禁止士子议论政治正相反对的。在他看来，"天子之所是未必是，天子之所非未必非，天子亦遂不敢自为非是而公其非是于学校。是故养士为学校之一事，而学校不仅为养士而设也"。总之，他从明朝的政治痛切地感到，许多问题都可能是："无乃视天子之位过高所致乎！"

在君主及其王朝政府与天下、政治社会的关系上，顾亭林也做出了区分。他的名言是：

> 有亡国，有亡天下，亡国与亡天下奚辨？曰：易姓改号谓之亡国。仁义充塞，而至于率兽食人，人将相食，谓之亡天下[1]。

他这里所说的"国"不是指"国家"或者说一般的政治秩序，而是指"易姓改号"，指改朝换代的政府更迭。而"天下"则是指社会，指一般的政治秩序，也包括"仁义"一类的"纲常"。所以，这里的"亡国"只是指一姓一朝的政府的颠覆，

---

[1]《日知录》"正始"。

"保国"的任务是"其君其臣,肉食者谋之";而"亡天下"则将造成"人将相食"的政治社会的沦亡,"保天下"的任务则是无论怎么低贱的"匹夫"都有责任的。而且,"保天下"是更优先的,有时看来是"保国"也是因为把"保天下"放在了心里。"保天下"才是真正的根本,也是最优先的出发点——"是故知保天下,然后知保其国。"

顾亭林也不否定"保国",尤其是君臣一类政治人物更不可推卸地负有这方面的责任。但是,他更重视的是这后面的"保天下",而在当时历史条件的局限下,这种"保天下"的确也包含维护"君君臣臣"的特定政治秩序,就像顾亭林所说:"魏晋人之清谈,何以亡天下?是孟子所谓杨、墨之言,至于使天下无父无君,而入于禽兽者也。"[1] 即他依然强调,有父有君的社会政治秩序,正是人与还处在自然状态中的动物的根本区别。

晚清张之洞的《劝学篇》"明纲"一节,或可视作传统中国对旧纲常的最后且最重要的一次阐发和坚持。他引《礼记·大传》之言:"亲亲也,尊尊也,长长也,男女有别,此其不可得与民变革者也。"然后说:

> 五伦之要,百行之原,相传数千年更无异义,圣人所

---

[1] 《日知录》"正始"。

以为圣人，中国所以为中国，实在于此。

张之洞此言不差，这四者的确就是传统中国的特色，传统社会的确就是以此精神立国和存续的。但是，传统的中国在遇到西方之后又的确不能不求变，问题是哪些可变，哪些不能变。《劝学篇》"外篇"谈到了许多需要改变的方面，但张之洞的确认为"中体"或者说传统"纲常"是不能变的，变了，中国就不再是中国了。他说：

> 故知君臣之纲，则民权之说不可行也；知父子之纲，则父子同罪、免丧废祀之说不可行也；知夫妇之纲，则男女平权之说不可行也。

但张之洞所处的时代毕竟又与曾国藩所处的时代不同了，于是论述的重心也变了，不再只是直接肯定传统的纲常，而变成了引西方来证中国，述中西之同来论纲常之不必变。他引西方国君、总统亦有解散议院之权来说明西国也固有君臣之伦。引"摩西十戒"敬天之外，以孝父母为先来说明西国也固有父子之伦。以西人虽爱敬其妻，但于其国家政事、议院、军旅、商之公司、工之厂局，未尝以妇人预之，来说明西国也固有夫妇之伦或男女之别。最后的结论是：

> 圣人为人伦之至，是以因情制礼，品节详明。西人礼制虽略，而礼意未尝尽废，诚以天秩民彝，中外大同，人君非此不能立国，人师非此不能立教。

今天的人想必不会同意他这里有关三纲不能变、民权不能行的结论，或者说"纲常"后面的基本价值和精神不应改变，而其中的一些内容还是需要改变。事实上经过20世纪，一些内容也在实际中早已改变了。但是，我们要理解他所处的19世纪末的时代形势和他作为一个政治家的身份，当时此书实际是作为戊戌变法的另一条改革路线提出来的，这条路线不同于康有为的激进改革的文人路线，而且的确很有成功的可能。[1] 而当时人们对传统"纲常"的思想认识与感情还是存在的，即便后来经历了一系列激进的过程，也是到二十年之后的新文化运动才有大的转折。

从总体和长远的观点看，君主集权乃至君主专制在中国历史上的确有加强的趋势，在明朝甚至可以说达到了一个历史的最高点。在这方面甚至后来的清朝也没有超越。从总体或平均水准看，清朝历任皇帝的能力和品格是要高于明朝的，所以

---

1 参见拙文《戊戌变法是否一定失败？》，载《生生大德》，北京大学出版社，2011年版。张之洞是政治家，《劝学篇》又是刊布在戊戌变法期间，所以不能不求比较稳妥，但其中已经讲到了许多变通，日后走向君主宪政也是可以预期的。

清朝的有效治理，尤其是国家版图是远远超过明朝的。只是它后来遇到了此前皇朝从未有过的西方列强的巨大挑战，给后人留下了某种颟顸无能的印象。但无论如何，正如福山所言，中国的制度的确会遇到一个可能的"坏皇帝"的问题，在有的时候——尤其作为开国君主——可能比较容易遇到残暴的君主，如秦始皇与明太祖，而之后是可能比较容易遇到平庸甚至昏庸的君主。而如果碰到这样的时候，传统政制的实力制约是相对乏力的，"纲常"也更倾向于维持社会政治的稳定。但由于从总体上看，作为"统治阶级的统治思想"的儒家思想是以道德为根基的，是极力反对残忍暴虐的霸道和昏庸无道的，所以，在这方面并无意识形态的阻碍或负担，这样，重新通过不称职的皇帝的自然死亡、替换（如西汉霍光的废立）乃至改朝换代，还是能够拨乱反正，重新回到比较健康的传统政制与纲常的轨道上来。所以说，如果不是遇到西方的压迫，又的确有了新的政体可供选择，中国可能还会继续沿着这条传统的道路走下去，批判的现代观点可以认为这是长期停滞，而从古代士人的基本观点来看，传统的这一"政道"未尝不是一种健康合理、有永久生命力的"政道"，所出现的问题和危机只是因为偏离了这条正确的"政道"。而对于老百姓来说，在"天高皇帝远"的帝制时代，也毕竟还是有许多安居乐业的时期。

但是，人类既需要政治秩序，又需要约束政治权力，这实际是人类面临的一个普遍和永久的难题。"生生"也需要更广阔的空间，需要更切实的保障。即便是再饱满的生命的原则，也还是需要向自由和平等的原则开放，或者说，需要从生命原则中单独分立出自由和平等的原则，并予以满足。于是，我们不难理解当中国遭遇西方之后，就不得不在遭受欺凌之后还是坚持向西方学习，这种学习并不简单地就是因为羡慕西方的军事和经济实力，而是因为它的确还反映了在中国人的心灵中同样潜存的对于自由平等的渴望。

二 近代以来对旧"纲常"的批判

和张之洞《劝学篇》大致同时，甚至成文还更早一些，个别深受新文化影响的士人对传统"纲常"的严厉批判就已经开始，我们这里是指写作《仁学》的谭嗣同。我们要理解似乎有些保守的张之洞，但也应理解近代较早发出全面批判传统"纲常"声音的谭嗣同。可能有他个人遭受过纲常压抑的经历和性格的影响，他的批判是相当激烈的，动感情的，而且这种批判不再像黄宗羲那样主要是引述古代思想资源，而是引进西方的自由平等新说。他发出了后来新文化运动重视思想批判，试图以文化为根本解决的先声。他在《仁学》中写道："今中外皆侈谈变法，而五伦不变，则举凡至理要道，悉无从起点，又况于三纲哉！"但他还是肯定孔子的仁学，只是将名教纲常视作后来的俗儒，尤其是荀学所为。他说：

方孔之初立教也，黜古学，改今制，废君统，倡民主，变不平等为平等，亦汲汲然动矣。岂谓为荀学者，乃尽亡其精意，而泥其粗迹，反授君主以莫大无限之权，使得挟持一孔教以制天下！彼为荀学者，必以伦常二字，诬为孔教之精诣，不悟其为据乱世之法也。且即以据乱之世而论，言伦常而不临之以天，已为偏而不全，其积重之弊，将不可计矣；况又妄益之以三纲，明创不平等之法，轩轾凿枘，以苦父天母地之人。

又说：

俗学陋行，动言名教，敬若天命而不敢渝，畏若国宪而不敢议。嗟乎！以名为教，则其教已为实之宾，而决非实也。又况名者，由人创造，上以制其下，而不能不奉之，则数千年来，三纲五伦之惨祸烈毒，由是酷焉矣。君以名桎臣，官以名轭民，父以名压子，夫以名困妻，兄弟朋友各挟一名以相抗拒，而仁尚有少存焉者得乎？

在他看来："故常以为二千年来之政，秦政也，皆大盗也；二千年来之学，荀学也，皆乡愿也。惟大盗利用乡愿；惟乡愿工媚大盗。二者交相资，而罔不托之于孔。"这样，他对两千年之中国历史政治文化，就基本上是一个否定的态度。首先是政治伦理一片黑暗："由是二千年来君臣一伦，尤为黑暗否塞，无复人理，沿及今兹，方愈剧矣。"而作为社会伦理之基本的父子关系也是难以逃脱的桎梏。"君臣之名，或尚以人合而破之。至于父子之名，则真以为天之所合，卷舌而不敢议。"他特别注意纲常对心灵的钳制，但这实际上可能主要是指对精英的心灵。

而且，这一次批判的思想资源不再只是本土和远古的了，谭嗣同的《仁学》引入了西方的包括西方宗教的思想资源。他说："西人悯中国之愚于三纲也，亟劝中国称天而治，以天纲人，世法平等，则人人不失自主之权，可扫除三纲畸轻畸重之弊矣。""无惑乎西人辄诋中国君权太重，父权太重，而亟劝其称天以挽救之。"因为在天或者说上帝面前，所有人都应当是平等的："子为天之子，父亦为天之子，父非人所得而袭取也，平等也。且天又以元统之，人亦非天所得而陵压也，平等也。"他希望所有"五伦"的人与人的关系都像朋友一伦，因为朋友择交的原则，"一曰'平等'；二曰'自由'；三曰'节宣惟意'。总括其义，曰不失自主之权而已矣"。也就是说，要独立、自主、平等、自由的人与人的关系，而应用到政治制度上的话，也就是民主："故民主者，天国之义也，君臣朋友也；……父子朋友也；……夫妇朋友也。"但这样的话，其实除朋友一伦外，另外的四伦也就没有存在的必要了。"夫朋友岂真贵于余四伦而已，将为四伦之圭臬。而四伦咸以朋友之道贯之，是四伦可废也。""夫惟朋友之伦独尊，然后彼四伦不废自废。亦惟明四伦之当废，然后朋友之权力始大。"这样，也就是四海之内皆朋友了，天下一家了："无所谓国，若一国；无所谓家，若一家；无所谓身，若一身。"他虽然也低调地说过像庄子那样"相忘"即平等，但也高调地憧憬着四海一家。

由于当时的时势以及比较庞杂的思想特点和文字风格，谭嗣同这些思想的影响并不很大，但是，到陈独秀主持《新青年》杂志时，其批评传统纲常的文字的影响就非常大了，尤其是对年轻人。陈独秀在1915年9月写的《敬告青年》一文，以六义陈述其希望于青年人，其中一义是"自主的而非奴隶的"。他在1916年1月发表的《一九一六年》一文，则又告诫青年：第一要自居征服（To Conquer）地位，勿自居被征服（Be Conquered）地位；第二要尊重个人独立自主之人格，勿为他人之附属品。这已经为批判旧纲常提供了新的道德前提。他接着在当年2月写的《吾人最后之觉悟》中郑重提出，要根本解决社会政治问题，必须有赖于最后的觉悟——伦理的觉悟，这伦理的觉悟就是要认清旧的纲常伦理已不适于时代，必须加以根本改造。他对旧纲常的态度倒是比谭嗣同温和，认为"儒者三纲之说，为吾伦理政治之大原，共贯同条，莫可偏废"。但是，他也同时指出："三纲之根本义，阶级制度是也。所谓名教，所谓礼教，皆以拥护此别尊卑、明贵贱之制度者也。"而"近世西洋之道德政治，乃以自由、平等、独立之说为大原，与阶级制度极端相反。此东西文明之一大分水岭也"。他认为关键的问题不是旧纲常有没有历史意义，而是在于：如果我们已经决定在政治上采用共和立宪制，而又在伦理上保守纲常阶级制，这是绝对不可能之事。因为共和立宪制是以独立、平等、自由为原则，与纲常阶级制绝对不可相容[1]。

陈独秀在这方面最重要的一篇文章是《宪法与孔教》。他在其中再次认为"孔教之精华曰礼教，为吾国伦理政治之根本"。而伦理问题不解决，则政治学术等其他问题，纵一时舍旧谋新，而根本思想未尝变更，将不旋踵而仍复旧观。而关键的问题还是孔子之道是否与民国的教育精神相容。因为，西洋所谓法治国者，其最大精神，乃为法律面前人人平等，绝无尊卑贵贱之殊。所以共和国民之教育应发挥人权平等的精神是毫无疑义的。而孔子之道是否是这样的精神呢？陈独秀不同意一种为孔子辩护的意见所认为的具有等级意味的纲常名教，只是孔子之后的宋儒所伪造而与孔子无涉[2]。他认为三纲说不仅不是宋儒所伪造，且应为孔教之根本教义。因为儒教的精华就是礼，礼就是分别尊卑贵贱，而这就是三纲之说所由起。陈独秀并且认为：

---

[1] 载1916年2月15日《青年杂志》1卷6号。
[2] 还有一些为孔子辩护的意见则是认为纲常名教是汉儒所造，或者像谭嗣同所言来自比汉儒更早的"荀学"而与孔子无涉，我在这里同意陈独秀的意见，认为纲常名教的思想是包含在孔子思想中的，而且是其中不可分离的重要部分。

此等别尊卑、明贵贱之阶级制度,乃宗法社会封建时代所同然,正不必以此为儒家之罪,更不必讳为原始孔教之所无。愚且以为儒教经汉、宋两代之进化,明定纲常之条目,始成一有完全统系之伦理学说,斯乃孔教之特色,中国独有之文明也。若夫温、良、恭、俭、让、信、义、廉、耻诸德,乃为世界实践道德家所同遵,未可自矜特异,独标一宗者也[1]。

而今天不能再固守孔子之道,在陈独秀看来主要是时代的原因。他说:"使今犹在闭关时代,而无西洋独立平等之人权说以相较,必无人能议孔教之非。"但他也认为这正是时代的进步,甚至不能以中国国情或"吾华贱族"推诿。"惟明明以共和国民自居,以输入西洋文明自励者,亦于与共和政体、西洋文明绝对相反之别尊卑、明贵贱之孔教,不欲吐弃,此愚之所大惑也。"而这后面其实也还是有一种生存竞争的目的动机:

吾人倘以为中国之法,孔子之道,足以组织吾之国家,支配吾之社会,使适于今日竞争世界之生存,则不徒共和宪法为可废,凡十余年来之变法维新,流血革命,设国会,改法律……及一切新政治、新教育,无一非多事,且无一

---

[1] 载1916年11月1日《新青年》2卷3号。

非谬误，应悉废罢，仍守旧法，以免滥费吾人之财力。

然而，如果我们"欲建设西洋式之新国家，组织西洋式之新社会，以求适今世之生存，则根本问题，不可不首先输入西洋式社会国家之基础，所谓平等人权之新信仰，对于与此新社会、新国家、新信仰不可相容之孔教，不可不有彻底之觉悟，猛勇之决心，否则不塞不流，不止不行"[1]。

五四新文化运动中批判传统纲常的锋芒，一是集中在它们本身的内容上，尤其是其中的等级服从的含义；一是对它们的连接也多有批判，尤其是在"忠"与"孝"的连接方面，像吴虞的《家族制度为专制主义之根据论》就是这方面很有影响的一篇文字。他认为在商君、李斯破坏封建之际，中国本有由宗法社会转成军国社会之机，但未能实现，推原其故，实家族制度为之梗也。儒家以"孝悌"二字为两千年来专制政治、家族制度联结之根干，使宗法社会牵制军国社会不能完全发达，其流毒不减于洪水猛兽。共和之政立，儒教尊卑、贵贱不平等之义当然属于劣败而应归于淘汰。共和国的国民，不能甘为孔氏一家之孝子顺孙，不能囿于风俗习惯酿成之道德而与世界共和国不可背畔之原则相抗拒，这只能是像螳臂当车一样不自量。他主张用"和"代替"孝慈"来处理六亲关系。浙江青年施存

---

[1] 载 1916 年 11 月 1 日《新青年》2 卷 3 号。

统也发表过激烈的文章《非孝》，主张用平等的"爱"来替代。

我们如何看待这些批判？谭嗣同的批判比陈独秀的批判更为激烈，吴虞的批判则比较粗糙，仅仅因为希望富强就赞许一个"军国社会"也是牵强。相对来说，陈独秀还是更为客观理性，也更多地看到了传统纲常的历史价值。但这里有一个问题：是否传统纲常与现代价值就绝不相容？按托克维尔的观点，传统社会与现代社会最大的差别是等级制度与（身份）平等。传统社会的价值观也接受等级制度，其纲常规范也具有等级服从的意味。但是，"平等"本身是一个有许多含义甚至容易含混的概念，我们可以说平等有三个基本的层次：首先是平等的基本生存，其次是平等的基本自由，再次是平等的经济财富。而传统纲常不仅力图通过维系社会来保障所有人平等的生命权，它所理解的"生命"还是丰满的，虽然没有用"自由"之名，但实际上给了所有人的生命的舒张和发展以甚大（在有些方面甚至比当代中国还大）的空间，比如许多经济活动的自由、迁徙的自由、生育的自由等等。另外，它还给予了几乎所有人，尤其是来自最广大的农民、贫民阶层的人以受教入仕的自由。它在强调每个人自身的责任、义务时，实际上也就赋予了他人的、社会的自由。许多西方思想家也注意到这一点，即中国传统社会的价值观的确并不申明自由和权利，而是强调自身的责任与义务，但这种责任和义务也隐含着他人的权利，从而承担责任和义务者也将同样因此获得其他承担责任和义务者隐含赋予自己的权利。最后，在平等的经济财富方面，受儒家"不患寡而患不均"的思想以及"大同、小康"理想的影响，历代王朝在抑制两极分化方面也有不少政策和举措，尤其是在救荒和救济那些最贫困者方面有积极的举动。

所以，如果看到传统纲常后面的善意和善举，看到纲常后面的基本价值和精神，我们可以说，传统纲常的精神与现代自由平等的价值是可以相容的——虽然也需要通过一定的调整和改造。即以现代社会精神的核心——平等的观念而论，儒家本来也就赞同人格的平等、基本生存的平等、入仕机会的平等，所缺只是政治地位和参与的平等，福利的进一步扩展，等等。而后者是可以补足而并不违背儒家的根本价值观的。

另一个问题是，为了强国或者落实共和的政治伦理，除了批判"君为臣纲"的忠君思想，是否还需要去严厉地批判另外两纲——批判孝道和男女有别？我们前面说过，即便是"忠君"思想，所"忠"的其实也是名分，是一种理念，即同时也是忠于一种一般的政治秩序，这种政治秩序具有保全生命的普遍意义。古代的确有将忠孝连接的特点，且是以孝为本，以使纲常更贴近自然和人性，而这正是中国传统伦理的特色。如果说现代社会倾向于分离政教，分离公共生活领域和私人生活领域，那么，是不是只需将两者区分开来即可，而不必严责孝道？另外，我们观察近百年的中国社会变迁，可以看到，不必怎么去实行"武器的批判"，家庭父子和夫妻关系的平等早已成为潮流,所谓的子女对父母、妻子对丈夫的等级服从、绝对服从早已成为昨日的神话。这传统的后两纲看来远比政治上的"君为臣纲"容易改变得多,这甚至得到了过去居上的一方的支持,因为在家庭关系中毕竟有一种紧密的接触和亲情存在。而政治上的绝对服从却一度反而有变本加厉之势,而且居上的绝对权力开始可能恰恰是打着"推翻旧社会""打破旧纲常"和"剪断四大绳索"的旗帜。

但是,这些批判也的确告诉我们,我们必须求新。社会发生了天翻地覆的变化,我们不可能再原封不动地遵循旧的伦理纲常。在传统的社会政治秩序中,一直有君尊臣卑过甚的问题,儒家一直没有找到最有效的约束专制权力的办法,而且官本位现象也一直是传统社会的顽疾。我们也须让生命原则向进一步的正义原则开放,即向自由和平等原则开放。而在这一改造求新的过程中,我们不仅需要开发本土的价值资源,还需要吸收和借鉴域外的思想资源。

三 现代之伦与共和之德

现代化也是全球化。从世界走向现代的数百年历程来看,几乎没有哪个民族能够自外于这一过程。这甚至在没有现代进程之初西方列强的"炮舰政策"的情况下也会是如此。因为现代社会的基本趋势和标志,正如托克维尔所言,就是走向平等。而走向平等也就意味着多数人走上历史的政治舞台，民主共和也就由此生发和汹涌磅礴。而如果同意陀思妥耶夫斯基隐含在"宗教大法官的传奇"的观点，"多数"还意味着重视"地上的面包"（物质）更甚于重视"天上的面包"（精神），在一个多数支配的时代，以经济为中心和经济的加速发展也就可以预期。现代化的真正力量和其潮流不可阻挡的秘密其实主要还是在这里，在各种民族与政治社会的内部而非外部，是因为各民族内部的大多数人终究会在开放的情况下接受和赞成现代化，甚至会渴望现代化。无论在哪个国家，"多数"都开始在历史上第一次主宰社会的价值取向，并或迟或早将支配政治。

中国尽管有自身数千年特殊和独立的历史发展和文化传统，但也不可能自外于这一现代化的过程。和进入现代化之前的传统西方社会的主体相同的是，传统中国也曾是等级社会和君主制度的；不同的是，传统中国摸索了一套通过选拔（察举与科举）来实行等级流动和开放的制度。然而，到了20世纪，这一切都改变了。1905年，中国废除了科举制度；1912年，中国推翻了君主制度而建立民国；在随后的新文化运动中，又开始了对传统思想文化，尤其是对等级纲常的批判。自此以后，中国更进入了一次比一次更激烈的社会动员与"武器的批判"，内乱外战接连不断。1949年中华人民共和国成立，结束了内部的连年战争，但还长期处在政治运动之中，尤其是"文革"中的"破四旧"和"批林批孔"对传统文化更是一种从下到上、从里到外的摧毁性打击，孔子及其儒学被群众性地"污名化"。直到"文革"结束，启蒙在改革与开放的年代重返，传统文化仍被认为是走向蓝色海洋的现代化的阻碍。在20世纪90年代以后，市场经济的步伐加快，中国在经济上迅速崛起，传统文化得到部分的恢复记忆和认可。但是，历经百年的风吹雨打，社会已经发生了翻天覆地的变化，虽然平等的实践并不怎样成功，但平等的观念已广为传播，深入人心。在法律身份和社会地位上，至少观念上，都认可了平等，人们也不断呼吁和要求落实和扩大平等。

从伦理纲常的情况看，这一百年来，最先打破的似乎是政治上的"君为臣纲"，但其实最难结束的看来也还是这"君为臣纲"。先天不足而后天又没有条件发育成长的共和制度似乎只是结束了"君主"之名，而没有结束"君主"之实。携外来的、新兴的意识形态之巨大的裹挟力，新领袖的权力及对其的广泛崇拜甚至要远远超越过去的皇帝。对"忠"的要求相较于昔日有过之而无不及。尤其在"文革"的"三忠于""四无限"运动中，个人崇拜和效忠达到顶点。"万岁""万寿无疆"的欢呼和祝愿不绝于耳。早请示、晚汇报成为日常生活和工作作息的一部分。红语录、红袖标和忠字牌汇成了红色的海洋。不过，终身制虽然长期没有打破，但世袭的情况因为各种缘由而没有出现。

走出"文革"之后，领导人的终身制终于废止，换届渐成常规。官员的来源也不再是完全由政治路线决定和个别领导人拍板。约束权力的法制体系趋于比较完整地确立，但也还没有达成法律统治的确立。数千年的官本位虽然遭受过冲击，但在今天经济发展、资源远比过去多得多的情况下，不仅没有被抑制，甚至还有变本加厉之势。经济利益甚至成为今天官员们新的无形"君主"，从公共领域的过度重视国内生产总值，到私人领域的以权力谋一己私利，皆反映了这一新的"君主"的强大影响。但随着经济的发展，人们的物质生活的确得到很大的改善，社会生活的空间也大大扩展，而人们的政治期望值也在不断提高。

不过，如果说"三纲"中的"君为臣纲"还一度以新的形式重新出现，那么，另外的"两纲"倒是发生了相当彻底的变革。传统的以大家庭甚至家族为中心的生活变成了以小家庭为中心的生活，原来的以父子关系为主轴的家庭变成了以夫妻关系为主轴的家庭。而无论父子关系还是夫妻关系都已经相当地趋于平等，这首先是由于原来弱势的子女和女性的经济地位大大改善，随着教育水平的普及和提高，接受新知的儿女们常常不必依赖父母也能得到不错的，甚至能很快超过父母的收入。而社会给女性的工作机会也大大扩展，新的女性不再像过去那样固守在家庭之内。经济独立使原先弱势的儿女和妻子的地位提高，而且父母与儿女、丈夫与妻子有一种亲密的接触，有一种慈爱和互恋的感情的支持，前者甚至愿意主动推动建立一种平等和睦的关系，他们天然是一个利益的共同体。而这是政治的等级关系所不具备的，尽管有许多类似于"君父"的比喻，但君主或领袖事实上并不可能真正像家长关爱自己的儿女或者夫妻互相依恋一样关照广大的社会成员。

传统的"君父"并称更像是一个权威的比喻，因为在传统社会中，真正的政治关系并不深及大部分没有官员即没有君臣关系的家庭。但20世纪的中国一方面由于现代国家功能的扩大，一方面由于群众性政治运动的影响，政治生活的确扩大到了所有家庭和社会成员。但是，现在新的政治上的服从和忠诚再也无需"孝"的支持，甚至一度采取了破坏家庭伦常的措施，为了在政治运动中"输忠"，常常鼓励儿女揭发父母，妻子批判丈夫。权威被歌颂为远比父母还要重要的人格化身，父母只生下儿女之身，而"心灵"或"灵魂"却要由权威赋予。"泛政治化"一度席卷中国，史无前例。所谓的"道德"几乎被压制在政治之下，成为政治的附属品，甚至淹没在政治之中。政治与道德的关系不再像传统社会那样，政治以道德为根基，以道德来衡量，而是"道德"随政治而转移，由政治权力来决定道德上的"善恶正邪"。社会上的人们，除了少数"阶级敌人"，似乎一度达成了共识，甚至达到了"整齐划一"，但那是虚假的"共识"，是短暂的"整齐划一"。政治权力一旦发生转移和改变，政治观念一旦发生变化，依附于政治的"道德"也就要改变模样。这样，也就损害了人们对道德的信念与坚持，在政治的"虔信"之后往往就是道德的动摇、彷徨，乃至走向道德相对主义和虚无主义。而近年来又有一种"泛经济化"的趋向，原先温情脉脉的家庭关系也往往变成一种以功利、经济利益为重心的关系。

所以，虽然我们一度有过轰轰烈烈，甚至竞相奉献的时期，但真正的问题仍然存在，即在旧的伦理道德被颠覆之后，新的健全的社会伦理秩序的根基却一直没有真正建立起来。而中国已不可能再回去了，也不必回去。无论如何，我们已经进入了一个新的社会，或者更准确地说，进入了一个不可逆转地向新社会转型的时期。中国正在向一个新的现代社会大步疾走。而我们说过，这一新的现代社会的主要标志将是平等。

走向平等不仅是传统中国向现代中国转变的大趋势，也是传统世界向现代世界转变的大趋势。而率先出现这一潮流的是西方，约两百年前，托克维尔就从欧洲和美洲观察到这一潮流的不可阻挡，他认为这正是一个即将到来并遍及全世界的新的现代社会的主要标志。的确，在他那个时代，他所说的"平等"还主要指的是身份的平等、法律地位的平等、政治权利的平等；他有时也用"民主"来指称这种"平等"。但他认为这种"平等"也必定会扩展到其他方面，例如经济生活。这将是一个和传统社会迥然不同的"全新的社会"，这样一个社会无疑是需要一门"新的政治科学"，包括新的道德、新的社会伦理。

平等是大势所趋，但平等的发展既可能"和自由结合在一起",也可能"和专制结合在一起"。"现代的各国将不能在国内使身份不平等了。但是,平等将导致奴役还是导致自由,导致文明还是导致野蛮,导致繁荣还是导致贫困,这就全靠各国自己了。"[1] 在托克维尔看来,要使平等向良性的方向发展,制度的安排必须公正合理,遵循法治,公民也必须具有一种公共的精神、权利的观念和尊重法律的观念。所谓"公共的精神",也可以说是一种爱国主义,但这种爱国主义和爱君主不同,那更多是一种本能的、情感的爱国主义。而公民的爱国主义是一种理智的爱国主义,它虽然可能不像前一种爱国主义那样热情,却能够"非常坚定和非常持久"。

那么,怎样培养这样一种理智的公民的爱国主义呢?托克维尔认为它必须来自真正的理解,必须在法律的帮助下成长,随着权利的运用而发展,从而真正将个人利益与国家利益统一起来。也就是说,要让爱国主义成长,就必须实际地让人们能够参与国家的事务和管理,让人们真正通过决定国家大事,而不是仅仅在名义上感到自己是国家的主人;就必须让人们实际地行使政治权利,这才是"我们可以使人人都能关心自己祖国命运的最强有力手段,甚至可以说是唯一的手段"[2]。公民精神的培养与政治权利的行使是绝不可分割的。而"权利的观念无

---

[1] [法]托克维尔:《论美国的民主》,下卷,董果良译,商务印书馆,1988年版,第885页。
[2] [法]托克维尔:《论美国的民主》,上卷,第270页。

非是道德观念在政界的应用",亦即权利本身就意味着道德,虽然可能主要是指政府的道德、法律的道德、制度的道德而非个人的道德,即国家法律和政治权力必须以保障公民权利来证明自己的正义性。保障公民的生命、自由、产权等各项基本权利是政府必须首先具备的"德性"和功能。因为,所有人身份平等的社会不可能再以统治者的强制、赏罚来维系,甚至不可能再以强调上层的荣誉和责任来维系,而必须依靠所有人的理性与良知,依靠所有人的积极参与,而这就需要通过可靠的制度安排使他们真正享有各项基本权利,包括政治参与的权利。

但是,公民个人也必须负有责任和义务,这些责任和义务突出地表现在对法律的遵守和尊重。托克维尔认为,美国的法制和民情(mores,道德风俗)[1]对于维系美国民主社会的作用是超过自然环境的,尤其是民情起了根本的作用。

托克维尔据此批评大革命之后的法国。尽管法国大革命以激烈否定传统的、大规模群众暴动的方式最早揭橥了"自由、平等、博爱"的口号,但"与自由结合的平等"并没有真正在社会扎下根来。他问道:在我们把祖先的一切制度、观念和民情全部放弃之后,用了什么来取代它们呢?在他看来,无法无天地纵情发展的法国民主常常处在混乱和战斗的喧嚣中,于是出现了人们本来不愿意见到的异常大乱。王权的威严消失

---

[1] 托克维尔说他把"民情"这个词理解为"一个民族的整个精神和道德面貌",见托克维尔《论美国的民主》,上卷,第332页。

了，却未代之以法律的尊严。一些人以进步的名义竭力把人唯物化，拼命追求不顾正义的利益、脱离信仰的知识和不讲道德的幸福，窃居他们不配担当的职位。政府权力大大扩张，独自继承了从家庭、团体和个人手中夺来的一切特权。少数几个人（甚至一个人）掌握权力，却使全体公民成了弱者而屈服。政治如此，而社会上的情况又如何呢？人们往往把爱好秩序与忠于暴君混为一谈，把笃爱自由与蔑视法律视为一事。有关道德之类的一切规范全都成了废物。无论穷人和富人，都没有权利的观念，而都认为权势或权力是现在的唯一信托和未来的不二保障。穷人保存了祖辈的无知，却没有保存祖辈的德行；他们以获利主义为行为的准则，但不懂得有关这一主义的科学。这样，我们在放弃昔日的体制所能提供的好处的同时，并没有获得新的体制可能给予的益处[1]。而我们从托克维尔对大革命之后的法国的批评中，其实是可以看见中国 20 世纪以来的许多的影子。

托克维尔所有的批评，都是要人们适应社会向平等和民主发展这一根本变化。人们不需要，甚至也不应当改变这一变化的基本方向，那也是任何个人都改变不了的，但应当努力根据这一根本变化调整我们的行为，调整社会的规范。同时也规制民主，使民主向着健全的方向发展和完善。

---

1 参见托克维尔《论美国的民主》，上卷，第 12—15 页。

我们还可以集中在政治上观察这一变化和所需要的调整。古代的亚里士多德将政体分为三种正体和三种变态，一共是六种：

一人统治　少数统治　多数统治

正宗：　王制政体　贵族政体　共和政体　——**为全体的利益**
　　　　（最优ーーーーーーー最欠优）

变态：　僭主政体　寡头政体　平民政体　——**为统治者的利益**
　　　　（最劣ーーーーーーー最不坏）

这里划分的标准一是看统治者的人数，分成了一人、少数和多数三种统治；一是看统治的目的与效果，分成了为全体利益的良性和仅仅为统治者利益的变态。按照亚里士多德的观点，如果从最理想的政体看，良性的一人统治会是最好的，但如果从最糟糕的政体来看，变态的一人统治也将是最坏的。而良性的多数统治虽然从最理想的政体看会是最欠优的，但从预防最糟糕的政体看，多数统治却又会是最不坏的。

近代的孟德斯鸠则更为简明扼要地将政体分为三类：

政体类型	定义	原则（动力）
君主法制	一人统治，却是遵照明确固定的法律	荣誉（责任）
君主专制	一人统治，按照他一己的意志和喜好	畏惧（惩罚）
共和政体	全体人民或仅仅一部分人拥有最高权力	品德（爱国即爱平等）

孟德斯鸠没有将少数统治单独列为一类，但共和政体是包括了贵族共和的。他引入一个新的标准——统治的形式是法制还是专制，而将一人统治分成了两种。这一划分或不如亚里士多德那样整齐，却可能更建立在经验的基础之上，因为君主制度相比于少数统治和多数统治来说，是历史上远为普遍和广泛的政体形式[1]。而且我们今天也还看到，这两种政体还呈现出古今之分：君主制度主要是传统社会的政治统治形式，而民主共和主要是现代社会的政治统治形式。这在中国尤其是这样。另外，孟德斯鸠还特别强调统治方式中有无法制（进一步说是法治），这一划分看来也可以最终引申到共和政体之中来[2]。

孟德斯鸠认为有四条自然法，其实也就是道德法。第一条自然法是和平，防止人们互相侵犯，因为如此才能保证人们的生命不受伤害。第二条自然法是能够让人们去寻找食物，即能

---

[1] 当然，我们可以说：单纯的少数统治可能是不那么稳定的独立类型，因为它很容易过渡到或是一人统治，或是多数统治那里去。但我们又可以说，无论君主政体还是共和政体，又必然要在其中包含某种少数治理，即君主需要一个官员阶层来辅助他治理国家，而民主同样需要一个这样的阶层来替它进行日常治理。而这样一个阶层的确也是可以异化为事实上的统治者的。最后我们还可以说，现实中的政府其实经常是混合性的，而不会是完全单纯的一种政体。但我们的确还是可以指出它的基本性质是一人的统治还是少数或多数的统治。

[2] 孟德斯鸠将传统中国的政体认作是君主专制，的确，它不是法治意义上的君主制，但它还是受到一些制度和道德观念的制约。另外，中国古代选拔官员（或者说"与君主共治天下的士大夫"）的制度也在世界上独树一帜，达到了很高的社会与统治阶层的垂直流动率。

够有物质资料的供养。第三条自然法是承认人们相互之间还是存在着自然的爱慕的感情，存在着同情。第四条自然法是承认人们愿意过社会的生活。按照当时人们对自然法的理解和这一理论的传统，所有的成文法，乃至所有的政府功能，都应当是以自然法为根基的，换言之，也就是要以道德为根基。

按照孟德斯鸠对上述三种政体的划分和原则阐述，共和政体与道德的关系还有一个特别的地方，即它是最需要所有参与政治的人们的德性的，尤其是民主共和政体，由于所有的成员都需要在某种程度上参与政治，都在某种程度上是国家的主人。所以，一种政治的德性就是所有人都应具备的了。孟德斯鸠认为，这种品德不是个人的德性，也不是宗教的德性，而就是政治的品德、公民的品德。它的内容就是爱祖国，亦即爱平等。爱平等就是共和政体的原则。正是这种原则成为推动共和政体的动力，正如荣誉与责任是推动君主法制的动力，恐惧和惩罚是推动君主专制的动力一样。

按照孟德斯鸠的解释，这种爱共和国意义上的爱平等，主要的并不是要求经济和物质利益的平等，而是要求服务和责任的平等，希望自己对国家的服务超过其他公民。虽然事实上由于个人能力不同还是会在分量上不平等，但是他们全都以平等的地位为国家服务。这种平等也是和自由独立结合在一起的平等。这种共和政体下的平等和专制政体下的"平等"性质完全不同。初看起来，在共和国政体之下，人人都是平等的；在专制政体之下，人人也都是平等的。但在共和国，人人平等是因为每一个人"什么都是"；在专制国家，人人平等是因为每一个人"什么都不是"。所以说，"品德"的自然位置就在"自由"的近旁，离"极端自由"和"奴役"都同样遥远。

如果这一平等的原则和德性没有建立，或者说这一原则被腐化了，那么，共和政体也就不能稳固地确立，甚至不能恰当地运转。孟德斯鸠认为，如果没有这种品德，野心便得不到约束而会进入一些人的心里膨胀，而贪婪则进入所有人的心里。人们要求自由是为了好反抗法律。人们会把过去的准则说成严厉，把过去的规矩说成拘束，把过去的谨慎叫作畏缩。公共的财宝变成了私人的家业，共和国就会成为巧取豪夺的对象。它的力量就只是几个公民的权力和全体的放肆而已[1]。

困难之处还在于：专制政体的恐怖是可以自然而然从威吓和惩罚产生出来的；君主政体的荣誉，是受着感情的激励，同时也激励着感情。而在面对所有人的民主共和政体的社会，建设上述德性需要教育的全部力量，尤其是需要理性的力量，而它又必须变成一种根深蒂固的感情和习惯，广泛地扎根于社会。热爱法律与祖国，这种爱是民主国家所特有的。只有民主国家，政府才由每个公民负责。人民一旦接受了好的准则，将比所谓正人君子更能持久地遵守。这样，对祖国的爱将导致风

---

[1] 以上孟德斯鸠论述见《论法的精神》，商务印书馆版。

俗的纯良，而风俗的纯良又导致对祖国的爱。

孟德斯鸠的观点和托克维尔的观点是接近的，但他主要是从政治体制的角度来考虑，而托克维尔则主要是从社会角度来考虑。但他们又都是结合政治与社会、体制与民情的。他们一致同意的是：共和体制或民主社会的主要原则和动力是对平等的热爱。只不过生活在18世纪的孟德斯鸠，还只是比较客观地分析君主和共和的不同政体，而生活在19世纪的托克维尔，则更强调世界的未来是必定走向平等的社会和民主共和的政治。

传统"三纲"可视为对君臣的政治关系、父子与夫妻的家庭关系的一种人为的、道德的调整。君主的个人利益与国家利益有天然相合的一面，君主自然最希望天下稳定，而父母对儿女的关爱也自然地超过儿女对父母的关爱，妻子作为女性对感情的专注和家庭的关注通常也超过作为男性的丈夫。所以，传统"三纲"的确有为了稳定国家和社会，更加强调义务感相对较弱的一方尽其义务的倾向。另外，我们不难发现，在各种关系、秩序或组织中，如果仅从稳定着眼，强调权威与服从比强调平等与自由是更有利的，尤其是在某些处境之中，比如遇到外患和内乱的各种挑战的时候，又如某一群体必须迅速解决危机的时候。所以，有些组织和行动，比如军队，尤其是比如舰队出航作战的时候；又比如医院，尤其是在手术室的时候；甚至在现代公司的内部，常常都会实行一种严格的服从权威制，甚至是明确的等级服从制。稳定自然也并不是坏事，和平稳定正是社会繁荣发展、创造福利生活的前提。当然，可以质疑的是，稳定，甚至通过稳定来保障的生命是不是唯一需要满足的价值？和平稳定是生命之大利，但是不是能始终停留于稳定甚或保存生命的原则？而停滞的稳定是有可能妨碍人们的自由发展，甚至严重地剥夺人们的自由权利和平等发展空间的。

新的社会需要新的伦理。而正如上述，这一"新伦理"，新就新在它必须已经是一种"现代之伦"，是一种"共和之德"。这一现代伦常或共和之德分成两个方面，一方面是制度的伦理，一方面是个人的道德。新社会的主要标志是平等，所追求的主要价值也是平等，它也构成社会正义原则和公民权利义务的主要内容。现代社会的这种平等首先意味着社会身份平等、法律地位平等，但它也试图扩展到政治和经济的权利等其他方面。当然，对这一"平等"如果做宽泛的理解的话，也可以说传统的中国社会也实现了某种平等，比如儒家所主张的人格平等、基本生存的平等、入仕机会的平等，等等。但是它的确还是等级社会的，是一人统治加少数治理的——其理想状态是"君主下的贤贤"。于是，其作为社会基本道德平台的"三纲五常"就相应地也是等级制的，是强调臣对君、子对父和妻对夫的服从的。当然，这并不意味着对君、父和夫就没有道德上的要求，恰恰相反，对他们的要求从不缺位，虽然有时似乎是具有"不言而喻"的特点。尤其我们如果从政治的观点来看社会，对作为社会上层的统治者的道德要求其实是更加严格和高标的。对"君主""君子""官员"的要求一直是儒家道德的主要着力点，甚至他们的道德才被视作是真正的道德，也是高尚的道德；儒家希望君主和士大夫努力"希圣希贤"，成为社会上道德的榜样，从而影响民众，造就良好的社会风尚。换言之，适应于传统等级社会，道德风尚实际是两分的：君子履行真正的道德，也是高尚的道德，既满足自身的至高道德追求，也为民众作出表率；而民众则受上层君子的影响，形成良好的道德风尚。传统的道德其实只是精英性质的，是面向少数人的；它同时也是将规范与最高价值追求紧密结合在一起的，即在努力成为"圣贤"的目标下来约束自己的行为，追求一种良善的生活方式。

然而，新的平等社会的道德则必须面向所有的人，普遍地要求所有的社会成员，包括过去只是作为风俗而被"化"的广大民众。因为，现代社会要求普遍的政治参与权利的平等，分享政治权力的平等，以至于经济财富的平等。这样，所有的社会成员就都相应地要负有平等的公民义务。的确，这种新社会的伦理将不可能，也不需要再是过去那种"希圣希贤"的高蹈伦理，而只需是一种平等要求所有人的底线伦理。至于更高的道德和其他价值的追求，将作为一种人生哲学乃至宗教信仰（而非规范伦理学）交由个人去处理。那些至高的价值和信仰追求能够作为一种强大的精神力量来支持人们对道德和政治义务的履行，同时也作为他们个人的安身立命之所，但它们不再是社会的统一共识。现代社会的统一共识应当建立在社会制度和个人行为规范或者说新的社会"纲常"的基础之上。

四 新伦理的基本特点和主要内容

据此，我们或可略微归纳一下我所主张的新的社会伦理所应具有的基本特点。当然首要的是它应该是平等的。平等过去主要是落实在基本的生存的层次，现在它应该向更高的层次开放，而且直接在伦理规范上反映出来。而儒家的思想中也的确是有这样的资源的，它所主张的"己所不欲，勿施于人"的"忠恕之道"，体现了一种人格的平等和宽容的精神，那么，将这种平等精神推进到社会身份和政治参与的层次，也是顺理成章。所以，新社会的伦理纲常不应再有等级服从的含义，而是平等地面向所有人，也要求所有人。没有哪一个人能够例外，包括类似过去"君主"地位的最高统治者也是如此，因为今天人们也已找到了民主共和的政治形式，不再需要将一般的政治秩序寓于此前似乎是唯一可能选择的君主政体的形式了。

其次，新的社会伦理，尤其是其原则规范即"纲常"的部分，应该是非政治意识形态化的，也是和任何宗教信仰乃至人文价值信仰体系有别的。伦理不是政治，它独立于政治，比政治更永久。它有自己的原则、规范和标准。它的内容不能随政治权力的变换而变换。而且我们是在探讨一种基本的纲常，以及作为社会基础的纲常，它不能去忠于一个政治的方针，政治的路线，政治的主义；也不能去忠于一个政府乃至一个领导人。的确，新纲常仍然是包含政治伦理，甚至优先是政治伦理，但它并不是为政治服务的，相反，它是强调任何政治都必须有一种道德的根基，这种道德根基不仅独立于政治，而且对政治权力起引导和约束作用。

新的伦理纲常也不宜和某一种宗教信仰挂钩，作为它的一个附属品。不要说成为外来的政治意识形态或者信仰的附属品，甚至作为中国本土的一种教派或学派的附属品，也是不合适的。当然，任何合理的信仰和价值精神都是可以支持它的，它也多多益善地欢迎各种精神信仰的支持，但不唯一地依附于任何一个价值信仰体系，而是作为各种合理价值体系的规范共识出现。它和各种价值体系自然会有一些轻重不同或亲疏远近的关系，例如它和本土的，尤其是儒家的关系自然要紧密得多，甚至它的思想和话语资源就主要来自儒家，但我们还是认为它并不就是只属于儒家的伦理。我深信，信仰儒家的人们一定会赞同重整纲常，新纲常的形式和许多内容也是来自儒家，但我认为还是不必只站在儒家的立场上，将其完全收入儒家的囊中。从中国的历史看，虽然政治上被尊崇的儒家一直重视这一政治社会的道义基础，但这一重视也不是儒家所独有，像被视为法家思想先驱的《管子》"四维篇"中也说：国有四维，即礼、义、廉、耻。"一维绝则倾、二维绝则危、三维绝则覆、四维绝则灭。"即其中一维倾斜还可端正,出现危机也还可转安,甚至"覆"也还可再"起",但如果四维俱绝,"礼义廉耻"全都没有了,则"灭不可复错也"。

另外,我们后面也还会谈到"新信仰",但是,作为价值体系的"新信仰"和作为原则规范的"新纲常"是有所区别的,前者虽然已经具有中国特色,却可以容纳各种个人信仰超越存在的形式,包括外来的信仰形式,即信仰其实是多元的;而后者却希望所有的有关各方达成一种约束社会行为的共识。

再次,新社会的伦理纲常的表述也不宜再是特殊人格的,比如像旧纲常表述的君臣父子夫妻关系,虽然它指的并不是一个个具体的人。借用罗尔斯的观点,作为道德原则,不仅它的要求应当是普遍地用于所有人的,在表述上也应是具有一般性质的,即应当不使用那些明显的专有名词来概述原则。我们后面将谈到"民为政纲",但这里的"民"实际是指所有的社会成员。

最后,我想谈谈这种新社会的伦理纲常的生长途径。在我看来,它的主要活力或生机应当是在民间社会,虽然政治有时也可以起到最有力甚至最迅速见效的杠杆作用。但是,道德的生长作为一种有机的生长,它的速率不可能是很快的,即便有时可以借助政治力量,也必定是因为在民间已经有了一定的生长和强烈的呼声。

中华文化的主要形态是一种伦理道德的文化，它包含着一些普遍的、恒久的道德核心原则和价值。中华文化源远流长，且其主体和地域相对单纯一贯，而又泽及四裔，四裔其实也在不断对中华文化的丰富和深化作出贡献。但中华文化在近代可说是遇到了最大的甚至曾经是"生死存亡之秋"的挑战，国人甚至也曾一度自生怀疑，乃至自我否定，这虽然也可能是"凤凰涅槃"的新生所难免，但也需要适时地总结这百多年的经验教训，适时地重新恢复和进一步提升对中华文化的自觉和自信。总之，我以为现在应该是能够在这一个多世纪的经验教训的基础上，对中华文化作一点概述和推陈出新的总结的时候了。

当然，由于我们所说的"新纲常"之"新"，就意味着我们要适应一个新的"天下"、一个新的"全球化世界"的转变，所以，一种世界的视野和广泛地吸收各国政治与伦理转型的新经验也是绝不可少的。而否定存在着某些与各民族的特殊价值有别的具有普遍意义的价值，也就像否定存在着与各种族有别的"人类"一样是愚蠢的。据后人诠解，孔子作《春秋》已透露出一种"夷狄入中国，则中国之，中国入夷狄，则夷狄之"的精神，孔子在《论语》中也曾说："礼失求诸野"，"道不行，则乘桴浮于海"，均表现出一种注重文化及其中的普遍价值，注重向世界开放和民间生长的精神。我们也不妨效仿而行。道德的生机主要还是在民间。道德需要自然的生长，但也需要必要的制度保护和社会扶植。但在这种生长中，有不同的人们或群体主动提出各种新伦理的设想和设计，也是有益的。我下面所提的也就是这些设想中的一个，我希望得到各种批评和反馈来完善它，包括有更完善的设想来取代它。这样也许就能形成一种合力，推动新的社会伦理根基的建设。

以下是我所提供的一份将新伦理的主要内容与旧伦理的内容进行对照的表格：

新伦理与旧伦理的比较

	旧伦理	新伦理
三纲	君为臣纲、父为子纲、夫为妇纲	民为政纲、义为人纲、生为物纲
五常伦	君臣、父子、夫妇、兄弟、朋友	天人、族群、群己、人我、亲友
五常德	仁、义、礼、智、信	名同左，但给予富于新意的解释
信仰	天、地、君、亲、师	天、地、国、亲、师
正名	君君、臣臣、父父、子子	官官、民民、人人、物物

我们从上表可以看出，"新伦理"与"旧伦理"相比较而言具有四个不同特点：

1. "新伦理"加强了对政治与社会、公共领域与私人领域的区分，淡化了私人领域的关系，如亲属关系从三纲中被排除，亲友关系也从旧五伦中占四伦而变为只占一伦并居末位。

如上表所见，在传统的"旧三纲五常"中，亲属关系在三纲中占两纲，亲友关系在五伦中占四伦，没有和陌生人的关系。亲友关系在中国人的生活中仍然非常重要，但看来已经是不适合作为现代社会伦理的重心了。现代社会的人们要和大量的陌生人打交道，甚至有大量的不见面的交往和交易，群体的范围也大大地扩展了，有了民族国家乃至更大范围内的文化、文明的认同。另外，个人与整个社会、国家的关系也更为凸显，所以，在"新伦理"中，特别提出了有别于熟人的"人我""群己"和"族群"关系的调节问题，并将民众与政府关系的调节、普遍约束所有社会成员的"义"提到了首要的地位。

而这后面，还有一个道德与政治哲学从传统到现代的重要变迁：由于尊重所有个人对于自己合理的幸福的理解和追求，现代伦理学倾向于区分开"善"（good）与"正当"（right）这两个观念，认为善、幸福、信仰等价值追求是应该交给作为道德主体的个人去合理地追求的，而在正当、应当、正义、义务等规范约束则应该建立社会的共识。这在政治上的反映就是对公共领域与私人领域的区分，以及政教的分离。

2. "新伦理"大幅充实了生态伦理的内容，加强了人与自然的关系及其原则规范的分量。这不仅是适应时代潮流，也是履行对世界的责任，同时也是将中国传统思想中本有的"生生"思想发扬光大，并谋求经济正在大幅崛起的中国的可持续发展之道。

传统中国社会的伦理思想中包含有不少环境伦理的内容，但是并没有将这些内容上升到原则纲常的高度，这是因为传统中国社会和政治的主导价值观并不是以不断高效地发展经济为中心，也没有发生过工业革命，所以，在实践中对生态没有造成大规模的破坏。但是，现代社会却是相当普遍地以发展经济为中心的，各国政府的合法性也往往以此作为一个重要的标准来衡量。随着经济和科技的高速发展，人类对自然界的能力和影响也大大增强和扩展，全球成为一体。所以，"新伦理"在"新三纲"中提出了"生为物纲"、在"新五伦"中提出了"天人和"，在"新信仰"中提出了"亲地"，在"新正名"中提出了"物物"。

3. 强调行为规范领域内人际关系趋于平等，尤其是在社会和私人领域的关系。但在信仰体系中，自然仍要保留一种"敬"的因素。

前面分析的新旧伦理的两个不同，都可以联系到传统社会与现代社会的一个基本区别，那就是平等。传统社会并不要求所有人的平等，而现代社会则将平等作为自己的旗帜。之所以要尊重所有人追求自己的善和幸福的权利是因为平等；而如果多数人希望将物质生活的丰裕提到首要位置，那么，一个平等社会中的政府也就要尊重这种要求而将发展经济放到首位。所以，现代伦理也不能不尊重平等、不能不扩大平等，即这种平等也将从生存和人格的平等，扩展到信仰、法律、政治的平等，乃至于财富的尽量平等。所以，旧的三纲五常的确是有等级意味的，而"新伦理"则主张不仅民生、民本意义上的"民为政纲"，还主张民主意义上的"民为政纲"，其"义为人纲"也是平等地要求所有人的，再有权力和财富的人也不能例外。而在"新五伦"中，"族群""群己""人我"关系中所贯彻的原则也是平等。

对社会政治原则的最有力辩护，应当是基于道德的辩护，而在传统的"三纲五常"中，的确还是有这样一种道德的根基的。我这里主要是指其中维护生命原则的根基。但是，生命的原则虽然是第一位的制度伦理原则或者说正义原则，却不是唯一的正义原则。对人的"生命"概念的阐释，的确可以不仅包括物质与肉身的方面，还可以包括良心和信仰自由、一定的经济平等，以及政治尊重、精神尊严等更多的内容，甚至可以说是更高级的方面；但是，现代社会的趋势看来是将其中一些内容分立出来成为独立的原则，所以，我们在近代主要的政治理论——从霍布斯到洛克、卢梭的社会契约论的发展中，还看到了在生命原则之后的政治和信仰自由原则、经济平等原则的发展。现代社会的伦理也必须反映这一变化，且这还不仅是因时制宜，与时俱进，而是说这些内容本身就具有一种道德的性质。正义必然包含着某种公平或平等，而这种平等的调节范围可以不应当仅仅限于某些方面，而是应该恰当地扩大到政治和社会领域。

4.因此之故，新旧伦理虽然都突出政治的领域，都强调政治的重要性，但新伦理与旧伦理明显不同的一点是，新伦理将政治的主轴扭转，不再是下对上负责，臣对君负责，而是上对下负责，治理者对民众负责。"民"甚至可上升为一种普遍价值而成为更广义的原则。但同时也承认现实与可能性，即的确有少数执行者，在这一意义上他们是主治者，是掌握权力者。但任何政治家乃至从事政治的人们，都需要以"民"为根本的"主人"、最后的"主人"。

这一点也可以说是新旧纲常最显著的不同，它也反映了正如本文开头所说的百年来由君主到共和的政治体制的最大变化。但"共和"落实于民主法治其实还"任重而道远"。旧纲常政治上最重要的是"君为臣纲"，虽有民本思想，但将"民"排除在政治参与和实行统治的范围之外。在传统中国缺乏社会政治体制比较的条件下，传统纲常有将"特定政治秩序"固化为"一般政治秩序"的问题，将"君臣"视为不易的纲常，但这后面其实主要是在肯定"一般的政治秩序"，而且儒家在这一肯定后面是有维护和平、保存生命的道德原则作为其基本价值的，只是我们现在不仅应将这方面的思想继承和发扬，还需进一步引申和发展。

5.最后一点，正如我前面所述，以三纲五常为其社会伦理核心的"旧伦理"的形成是一个历史的过程，而且，直到最后在形式上也没有明确地融合为一个也包含信仰、正名的伦理体系，也没有将这种面向社会，包括多数的规范性伦理，跟面向君子、针对少数的引导性伦理融贯地结为一体。而我现在所提出的"新伦理"则是体系化的一个构想，即在前面的表格中所显示的"旧伦理"在历史上并不是一个明确地如此呈现的体系，而是包含在其观念和实践中，可以如此概括出来的思想理论。而"新伦理"则是一个明确的系统阐述，但它同时也是一种需要理论修正和实践验证的构想，是一种并不封闭自己的论述，是向各种批评意见开放，也向其他的构想开放的构想。

总之，中华旧伦理除了具有在几千年里维系了社会、维护了人们的生命财产、传承了中华民族和中华文化的历史价值，今天仍有现实意义的地方主要在于：第一，它提醒我们，在任何社会，都必须有一些基本的规范来维系，"纲常千万年磨灭不得"。第二，它告诉我们，最基本和最普遍的价值是生命，故而最基本的伦理原则也就是保存生命。第三，它启迪我们，亲情、家庭是人生幸福和责任的一个极重要部分，甚至今天仍然是中国人幸福和责任的一个主要部分。

但是，"旧伦理"的确又不能完全适应现代社会人们的道德与政治生活了，这主要是指它的社会等级制所带来的道德等级制，即更强调臣民、子女的义务。另外，它对天人关系的强调还没有达到现代社会生态文明所强调的程度，更多的是论述个人的天人合一的境界，而新伦理则在立足新的社会的基础上，既有传承又有变革，推陈出新，主要集中于社会的公共领域，尤其是政治领域，大幅增加生态伦理的内容，贯彻权利平等的原则，力图融贯一致地提出一种体系的构想。

第三章 新三纲

顾名思义，"伦理"一定要有"理"，要有原则规范的提出和论证。尤其现代社会，更是集中和优先地考虑针对行为、制度和政策的原则规范。所以，我所设想的"新伦理"先从原则规范说起，就用传统的语汇，名之为"新纲常"。其中"纲"主要是指其原则性，"常"主要是指其恒久性。"纲"也是指更根本的原则，而"常"是指最经常和主要的几种关系和德性。旧伦理的"三纲"是"君为臣纲、父为子纲、夫为妻纲"，新伦理的"三纲"则是"民为政纲、义为人纲、生为物纲"。

一 民为政纲

这里的"政"是指政治领域，包括制度与人。"民"不简单地是指人，而且可以引申为政治领域应当尊重的基本价值和服从的首要道德原则，即政治应当以民为本，以民为主。

"民"应当是包括所有人的，即政治原则上应当为所有人服务。但我们知道，政治领域有别于非政治或者说无政府状态的一个基本特点就是，它是一定要有权力和强制的，要有一定的指令和服从关系。所以，我们又可以，也必须在政治领域中区分出"主治者"、"执政者"、政治领导人、官员、掌握权力者和其他不掌握这种权力的人，即"治理者"之外的所有社会成员，或者说后一种意义上的狭义的"民"。前者是少数而后者是多数。这种区分至关重要，因为它可以防止在所谓"人民"的幌子下实际上实行少数人的乃至一个人的"朕即国家""人民即朕"的统治。"人民"这个词是很容易被"代表"、被滥用和被盗用的，尤其是近百年传统中有这样的历史。

所以，从这一原则的具体实行来说，就是主治者应当以社会、以其他所有的"民"的利益和意见为依归。这两者的身份自然不是完全固定的，两种人会互相转换，上下交流，"官"会变成"民"，"民"也会变成"官"。政治制度的设计乃至要努力促进和鼓励这两种人之间的上下流动，反对公开的和隐秘的世袭。而且，在一定意义上，在"官"者也还是"民"，他在担任任何职务的同时也还保留"民"的身份。也正是在这一意义上，"民"也就是一个普遍的价值，不是指特定的一群人或多数人，而是指所有的人，这样，"民为政纲"也可以说是"以人为本""人为政纲"，即政治不是为少数权力者服务的，甚至也不是为多数人服务的，而应该是为全民服务的，为这个社会的所有成员服务的。所以，这里的"民"就是"全民"的意思，它不是古代中国与"君臣"有别的"庶民"，也不是现代中国在强调以阶级斗争为纲的时代里的、与阶级敌人有别的"人民"。谁属于"人民"，谁属于"敌人"，往往以政治立场亦即政治集团的路线方针来划线，甚至以某个掌握政治权力的个人意志来划线。这样事实上就还是权力至上。"人民"的范畴还是有权力者说了算，而且是变动不居的，尤其是落实到个人的时候，"人民"就成了支持和同意某一派和某一人的同义词，所有反对的人就要被纳入"敌人"的范畴。所以，我们还不如说"全民"，或者说"公民"。它们的范畴都是比较明确固定的，也是有法可依的。或者说，当我们说"人民"的时候，也是在"全民"的意义上使用。如果一定要在有所排除的意义上使用，那么也是在与"官员"相对的意义上使用，而且这种关系也不是对立的、你死我活的关系。对官员重要的是限权，而不是消灭这个阶层。

也就是说，为了防止权力在虚伪幌子下的过分集中和滥用，我们还是要致力于区分日常治理者和非治理者。从历史和现实看，一个社会几乎总是存在着这样两部分人，即总是会有治理者存在，而且他们是属于少数。我们不需要那种浪漫的民主观：似乎全体人民能够每日每时地实行直接的、全面彻底的统治。正如上言，那样反而容易给个别野心家以代表"全体人民"进行极权统治的借口。我们不如老老实实地承认，的确还是会有分立的日常治理的权力，而且为了正常和有效地履行各项政治功能，也必须有这种权力。但是，我们要严格监督和限制这种权力。所以，我们就还是要在区分的基础上提出"民为政纲"，这里的"政"既包括政治制度，也包括政治家和各级官员，即他们是必须以被治理者、以民众为纲的，必须向他们负责。

当然，这种"民为政纲"，或者说执政者必须向人民负责，从过往的历史看，有两种主要的适应不同时代的方式，如果以现代回溯的眼光看，或也可说是初级的和高级的形式。初级的形式可以指一种民本思想，即"民为邦本，本固邦宁"[1]，主治者要关怀民生，顺应民意。或者用现在的话来说，就是要"执政为民"，"权为民所用，情为民所系，利为民所谋"（这里也是预设着一个"执政者"与"民"的区分的）。当然，这都还是"初级阶段"。还应当认识到现代社会的大势，进一步缩小"民"与"执政者"的距离，充分意识到"权为民所赋"，认识到权力的来源是民众，现代政治合法性的基础最终是在民众的认同，从而走向民主——经由法治的民主。这样一种根本上的"以民为主"，而不仅仅是"为民作主"，才是"民为政纲"的高级形式。在这样一种制度下，民众可以充分地行使自己的政治权利，可以更有效地监督和制约执政者，可以和平地选择和更换他们。当然，即便到这一阶段，"民"与"主政者"也

---

[1] 首见于《尚书》"五子之歌"。

不可能完全融合为一，还是会有权力与权威的差别。"民为政纲"也就还是有意义的。

民本主义的确还是为民作主而不是由民自己作主。古代的民本主义实际总是有两个方面：一方面认为要由君主来"为民作主"："亶聪明，作元后，元后作民父母。""作之君，作之师，惟其克相上帝，宠绥四方。""惟天生民有欲，无主乃乱。"这里君主与民众的关系是互相依存的："民非后，罔克胥匡以生；后非民，罔以辟四方。""后非民罔使；民非后罔事。""众非元后，何戴？后非众，罔与守邦？"另一方面，这君主权力的来源是天，"天之历数在尔躬"，而这"天命"则主要是看人事，看政绩，看统治者的德行，尤其是统治者对民众的态度，即这"天命"实际上是"天视自我民视，天听自我民听""天聪明，自我民聪明。天明畏，自我民明威""民之所欲，天必从之"。这就是强调统治者必须"以民为本"，关心民瘼，保障民生。这一政治原则是在西周以后就明确地确立了的。

民本主义主要是落实到保障民生和尊重民意方面。为什么要保障民生？因为这后面有一个生命的原则，而政治秩序的建立首要的就是要保护所有人的生命财产，这是政治秩序的基本功能，是其合法性的第一根据。为什么要尊重民意？民意有时候会不会是短视的？民众会不会反而不如一些明智的统治者那样更能认清他们的长远利益或根本利益？在古人看来，这是有可能的，统治者需要努力说服他们，甚至先做后说，让民不必

"虑始"，但可"享成"。但是这样做也是要有限度的，因为总是有"民意"被错认或冒用的危险。为此甚至有的事情有时必须等待，乃至放弃。必须尊重民意还在于"民能载舟，亦能覆舟"，民众的意愿如果长期得不到合理的满足，他们就可能用暴力的方式来诉求，最后推翻一代王朝。

当然，保障民生和顺从民意这两者其实是可以统一的，如果民意的主要追求就是民生，甚至就是有充分的活动空间可以发展和致富，那么，尊重民意也就意味着政府要努力地保障民生和发展民生。应该说，这一点历史上的统治阶层倒是基本没有看错，他们并没有想将大众改造成为新人，彻底变革他们的主要价值追求，只是不时也会为了自己膨胀的私利而压制民众的欲望。无论如何，中国古代君主的权力与欲望也还是受到一定限制的，君主也是要"无自广以狭人，匹夫匹妇，不获自尽，民主罔与成厥功"。也就是说，即便是再低下的平民，如果他们不能普遍地实现自己生存和发展的基本愿望，无论哪一种民主——是"民之主"还是"民作主"，就都不能算成功。

所以说，即便是古代的民本主义，也还是一种"民为政纲"，但它是一种古代的"民为政纲"，而不是现代的"民为政纲"。即从现代世界的潮流来看，它已经是一种过时的"民为政纲"，而不是适时的"民为政纲"。我宁可说从民本主义到民主主义是一件适应时代的事情，虽然从其客观的趋势回观，也可以说是进步，但是，也无法排除这样一种可能，即在未来突然遇到大的灾难和变故，人类又回到一个时期的权威治国的民本主义。如此观察是防止我们完全否定过去，将传统的政治视作反动与黑暗。

民主主义的确不是中华文化本有的思想，但孟子说过"民贵君轻"，只是当时还找不到通过选举和平地更迭统治者的办法，所以，他只是说"民能载舟，亦能覆舟"，老百姓对执政者的态度是"抚我则后（王），虐我则仇"，然而，这"仇恨"与"覆舟"损害人们生命财产的代价可能是太高了。而今天的人们找到了一种新的、更为主动的、不必流血和破坏的有效制约权力与和平更换统治者的办法，这就是民主。民主的确是具有普遍平等地看待所有人，让所有人不仅在政治入仕，也在政治参与上都享有同样的机会，所有人都拥有自己的某种政治发言权和自主权的道德意义。在这个意义上，民主也就是今天的政治伦理，就是今天的正义。因为它不仅可以将一向就有的生命价值包括在内，还可以将新的平等自由的价值包括进去。

从与过去的联系看，民主主义也可以说还是一种民本主义，还是以民为本，但现在"主权在民"了。人民不仅是基础，也是主人。下面我们可以不在过往政治意识形态的意义上使用"人民"，而在现代"国民"或"全民"的意义上使用"人民"，即恢复"人民"一词的应有之义。

但人民如何掌权？人们是否满足于笼统和虚幻的所谓"当家做主""领导阶级"，而实际上还是承受一个政治派别乃至一个政治领袖的统治？在一个现代国家，尤其是一个大国，不可能所有民众都同等地参与日常治理。所以人民必须授权一些人进行日常的治理，这样才能使一个国家像一个国家，才能用有效的、强大的国家能力来保护本国国民不受外敌和内乱的伤害，并有效地保障社会和经济的秩序，包括救助弱者的工作。而要使国家有强大的国家能力，是需要一个训练有素的日常治理者队伍的，他们在其职权所规定的范围和期限内可以合法地行使这些权力。在制度所规定的期限和范围内，必须有某种权威、纪律和职位服从。

但权力是很容易被掌权者滥用的。无论民本主义还是民主主义，实际都要限权。从道德的角度看，限权永远是有政治权力以来的头等大事。这方面仅仅靠道德观念来驯化权力是不够的，还必须依靠其他方面的同样硬邦邦的权力。人民应当是权力的最终主人，权力必须根本上是由人民来赋予。如果没有这样的选举，"权为民所赋"就还只是观念上的，仅仅去设想我们的权力是人民给予的和通过实际的程序真正地授权还是会很不一样的。而且，这种"权为民所赋"绝非一次性的，一劳永逸的，而是要经过多次授权，这就必须通过定期的选举，因为掌权者的性质和人民的意愿都可能会发生变化，甚至即便他们不发生变化，一种方针政策执行久了也可能发生严重的流弊，而需要新的领导人才可能进行调整。于是，这样的授权同时也就是限权，是最根本的限权。其他的限权还包括日常治理权力的分立和互相制衡，以及由一个民主社会所应保障的言论、新闻自由，民间组织、社会运动等方面的监督。

民主还将为政府的合法性提供今天的人们能够接受的最稳定基础。这里所说的合法性的核心，其实是人们所接受和认同的统治者的合乎道德、合乎正义的性质，故此他们才愿意心悦诚服地接受这一统治或支持这一政府。历史上的国家政府有过种种不同的合法性基础，例如传统的、惯例的，政治领袖个人魅力或者德性的，较好地履行了保障人民安全财产等政府功能的，或者有政绩的，等等。现代中国也经历了许诺一个未来美好社会的政治意识形态、卡里斯玛型领袖、通过政绩尤其是经济方面的成就来建构合法性信念的历程，尤其是近三十年，中国经济的飞速发展和人民生活水平的大幅提高，其速率是以前任何一个时代都没有过的。但是，物质的改善不仅依赖经济的不断发展和财富的增加，而且涉及各方理解不同的"公平分配"的问题，更重要的是，获得了温饱乃至开始富裕起来的人们，有了更高的不仅是经济的还有政治的期望。他们希望真正感到自己是国家的主人，是权力的有效监督者和授权者。

但是，怎样达到这种民主呢？民主不可能是一蹴而就的。民主需要观念和组织的训练，需要公民社会的成长。尤其对于一个像中国这样几千年来崇尚权力，又是从近百年的革命动荡转型过来的国家来说，可能最需要的还是强调和落实法治，即法律的统治而非个人的统治。法治本身也是一种限权。法律的统治，是对所有权力者包括最高权力者的限制，而且是对权力的最有力也是最广泛、最日常的限制。法治也意味着在法律面前，无论权大权小，甚至不担任任何职务者，也无论贫富智愚，都一律平等，都有法律规定的基本权利与自由。所以我们需要走向和达到的民主是经由法治的民主，也是落实法治的民主。只有在法治民主的条件下，才会有真正的平等和自由。古罗马的西塞罗说："为了能得到自由，我们只有做法律的奴仆。"我们所有人，尤其是执政者甚至是最高权力者，都要做法律的奴仆。如果说"公仆"所指并不那么明确的话，"公意"甚至"公众"也可能随意解释的话，那不如让他们做明确的"法律的仆人"。近代的洛克也明确地说："没有法律的地方便没有自由。"民主法治制度下的自由和平等其实是一回事，自由就意味着平等，而平等也意味着自由。

政治应当以"民"为纲，其实也就是应当以"义"或"正义"为纲。中国古人所讲的"义"，在生命的权利方面是平等的，是饱满的，但在政治甚至法律的领域还不是完全平等的。今人所讲的"义"，则是一种自由自律、平等独立之义。在超出一般水平的权、钱、名的领域里或还容有受限的差别，在基本权利的领域里则不容有差别。所有人在法律面前完全平等，也享有同等的政治参与权利，他们也都应当履行与自己权利相称的义务。此外，除了公民的义务，人还应当承担起一种自然义务和职业伦理。政治的责任伦理也可以说是一种职业伦理，但因为其涉及的领域特别重要，和所有人相关，故需要拿出来在此单独另说。

二 义为人纲

以上所说的"民为政纲"，其实是政治领域的人们作为政治人的义务，首先是制度本身的正义，也包括主要是政治家、官员、公务人员的责任伦理。这种政治正义自然是可以包含在广义的人的义务中的。所以，我们还需更广泛地提出既包含上述特定责任性义务的政治伦理，也包含所有人普遍平等义务的全面义务体系。特殊责任因职务而起，而普遍义务却因人本身而生。且如果从人本身、从作为社会成员的人来看义务，还有另外的一些特点，有值得专门提出和阐述的一面。

"义为人纲"意味着所有人都应遵循基本的道义，所有人都应以"义"为基本的行为纲领。这并不是说人与人之间没有差别或不应有任何差别，而是说在一些基本的行为规范上对所有人都应一视同仁地关照和要求。如果说这义务的根源也来自某种差别，这里的差别不是在人与人之间，而是在人与其他动物之间，所以，古人尤其是孟子讲"人禽之别"就在仁义道德，人如果没有仁心义行，"则与禽兽奚择哉？"人与动物其实也有很接近的地方，"人之所以异于禽兽者几希"，而这似乎微小却十分重要的区别就是人有道德义、义务心。"义"来自人的共同性，也是人区别于动物的共性。在孟子看来，如果说人的口味乃至对声音、颜色都有同好的地方，那么，"心"怎么就没有共同的地方呢？而这共同的地方就是"义理"。人们相同的地方，也是和动物不同的地方，就在于人能够认识到这"义理"，人也皆有道德意义上的"恻隐之心"。人们不能皆以"利"为交往之道，而是要以"义"为交往之道。或者说，所有的社会交往都必须符合道义，受"义"的约束。如果"君臣、父子、兄弟终去仁义"，而只是"怀利以相接"，社会就会消亡。如果"仁义充塞，则率兽食人，人将相食。吾为此惧"。"义"可以说是人区别于动物的、人之为人应有的基本特征，是人类社会的基本纲维。

近代西方，从康德到罗尔斯，也讲到人的特点正是有理性和正义感的存在，有理性可以做自己人生的规划，有正义则可做社会共存的安排，正义也就是政府的义务，而所有人也都要承担自己的个人义务。由于在上节中我们已经讨论了制度伦理，本节我们将集中讨论适用于所有人的义务。这种对个人的义务，在传统中国社会实际是不完全平等的，但这种不平等，按道德要求来说，是一种适应于传统等级社会的"倒平等"，即对进入统治阶层的士大夫有比民众更高的道德要求。于是，传统的伦理体系本身就有两分的特点，其道德的核心是一种高蹈的道德，精英的道德，向圣贤看齐的、以人格德性为重点的道德，而民众的道德其实只是一种道德的外围，是在它影响之下的道德风俗。但适应现代社会的伦理，则是面向所有人的，是一种平等的、基本的、一般正派人的、以义务规范为重点的道德。这种义务规范是平等的，也是普遍地要求所有人及其群体和机构的。至于这种义务规范的内容，在要求所有人的意义上也是比较基本的，一些不同或者更高的道德义务要求则与不同的"职责"有关，而这些要求也不是在人格上要求高尚和圣洁。下面我们就来谈谈现代社会所要求的义务的内容。

康德提出了完全的义务和不完全的义务。完全的义务，对自己来说，就是无论如何不可自杀，要保存自己的生命；对他人来说，则是在任何情况下都必须信守自己的诺言，即不可说谎。不完全的义务则是指训练和发展自己的才能与天赋，对人来说则是在有能力的情况下扶危解困。康德认为，对于完全的义务来说，其反命题如自戕、说谎，是不可能普遍化的。假设要使之普遍化，则将陷入自相矛盾，取消自身。这样，人们就不能把它的准则当作普遍规律，更不能够愿意它应该这样。对于不完全的义务来说，虽然找不到这种内在的不可能性，但是仍然不愿意把它的准则提升为普遍规律，因为这种意愿是自相矛盾的。也就是说，义务规范要接受绝对命令的检验，接受是否能普遍化的检验。这可以视作对道德原则规范的一种形式论证。

以上是康德在《道德形而上学基础》一书中的论证，在后来的《道德形而上学》中，康德也是从对自身的义务总论与对他人的道德义务两方面展开的。他提到人对自身作为动物的义务，即不自我戕害、自我玷污和自我陶醉，还有人对自身作为道德存在的责任，即不可说谎、不要吝啬和阿谀。在对他人的道德义务方面，他提到行善、感恩、尊重，等等。

英国伦理学家戴维·罗斯在他的《正当与善》中提出了一种多元论的规则义务论理论。其中最有意义的是"显见义务"的理论。"显见义务"（Prima facie duty）一词来自拉丁语，意指一见自明、不证自明的义务，而这类义务不是单一的，不是只有一种，而是有多种这样的显见义务。他指出了六种这样的显见义务：

1. 守诺与偿还。这些义务是建立在我自己先前发生过的行为上的。

2. 报恩。这类义务是建立在他人以前为我做的事情上的。

3. 公正。以上两种义务都是涉及比较特殊的个体的过去，在一种人我关系中展开。而公正则跳出了人我关系，以一种比较普遍的观点观察。维护与捍卫一种各自所应得的权利和义务分配。

4. 与人为善。对人行善，使别人在美德、智力和快乐方面的状况变得更好。

5. 自我完善，即让我们自己在美德或智力方面更为完善。

6. 不伤害他人。这是唯一以否定形式表述的义务。罗斯虽然最后才提到它，但他指出，这一不伤害他人的义务实际上是第一位的义务。不行恶的义务应当更优先于积极的与人为善的义务。

罗尔斯在他的《正义论》中将个人义务分为两个方面：一方面是和社会政治制度有关的职责，例如遵守职业伦理，做到公平处事和忠于职守等；一方面是与社会政治制度无关的，即不管在任何社会制度下作为人都应该履行的自然义务，其中又分为肯定性的义务（如坚持正义、相互尊重和援助等），以及否定性的义务（如不伤人、不损害无辜者等）。

最近一些年，瑞士的孔汉思等提出了"世界伦理"（Weltethos，也译为"全球伦理"）的主张。世界伦理的两条基本原则，一条是以肯定形式阐述的："每个人都应当得到人性或者人道的对待"，另一条是以否定形式阐述的："己所不欲，勿施于人。"而四条主要的行为规范则是："不可杀人、不可偷窃、不可说谎、不可奸淫。"他认为这是一种最低限度的伦理，是不可或缺或不可取消的。这些原则规范也是各宗教、各文明的共同之处。

综合上述看法，我觉得可以提出一种作为完全义务的、涉及对待他人的、以否定性陈述为主的、自然的和显明的义务体系，来作为所有人都应该遵循的最基本的义务体系。这一体系最接近孔汉思的思路和提法，但在内容的表述上稍稍作了一些修改和变动。

这一义务体系的四条主要规范是：

1. 不可杀害，即不可杀戮和戕害人的身体和生命。不仅不能杀人，也不能伤害人。当然，这也不仅是一般个人的义务，更是群体、民族、国家领导者的义务。个人不能谋杀和侵害他人，群体更不能够制造大规模的流血冲突或引发战争而造成大规模的生命损失。

2. 不可盗劫，这是对财物而言。"盗"或"窃"是隐蔽的，个人的；"劫"则是指公开的，尤其指那种代表所谓群体、国家的无端剥夺、没收、侵占和贪腐。

3. 不可欺诈。这同样是适用于个人与群体的。不仅个人要努力消除各种损害他人利益的欺诈，政府也是如此，国家不能有意说谎和隐瞒政治事实的真相，有意地误导人们。我们不笼统地说"不可说谎"，这里说"不可欺诈"是排除了那些幽默的、无伤大雅甚至善意的"谎言"的。

4. 不可性侵。说"不可奸淫"意思可能太强，将"私通"等也包括在内，容易造成误解。这里加上"侵"字，是指那些直接或间接违反对方意志的行为，除了直接的强暴，还包括家庭暴力、性骚扰、对未成年人的诱奸等，也不仅限于对女性。将这一条单独提出来作为主要规范，不仅是因为对传统戒律的尊重，也不仅因为这是一种特殊性质的行为，还因为要对弱势者提供一种特别的保护。所以它可引申到保护一切弱者的平安。

以上四条主要规范是同样适用于个人与政府的，尤其是要求政府和群体，但政府与群体又是要落实到个人的。而越是有权力者，越应当承当更大的义务。

这四条规范也可以从正面阐述。比如，第一条不可杀害的正面意思是，非暴力，尊重生命，乃至于扶危解困；第二条不可盗劫的正面意思是，尊重产权与分配公正，包括偿还与报恩；第三条不可欺诈的正面意思是，诚信与忠实；第四条不可性侵的正面意思是，男女平等乃至于关爱弱者。它们虽然有正面的意思，但是以否定的禁令形式出现，可以说更为鲜明，也更为有力。

总之，如果说政治权力的领域还是会有差别，不会完全平等，那么，作为政治人之间的关系也不是一种完全平等的关系，而是一种有差别的对待的关系——但如果有公平的流动与参与机制，又可以说仍是政治机会和参与平等的，而对政治家的必须以"民"为纲的要求，也是在落实一种平等。故此，政治家应承认自己的权力是来自民众，并承担更大的义务和责任。而谈到所有人，社会的所有成员所应承担的义务，则是普遍的、平等的、不分彼此的，没有谁为主为次的。平等的主体是人，平等的对象也是人。也就是说，"义"的基本要求就是要平等对待，至少在某些基本的方面平等对待。所谓"忠恕""金规"，其本义也都是要将自己与他人平等看待。由此就引申出"人其人"以及"不可杀害、不可盗劫、不可欺诈、不可性侵"等基本禁令来。[1]

---

[1] "义为人纲"的详述还可参见拙著《良心论》，尤其是第五章"敬义"，北京大学出版社，2010年版。

三 生为物纲

"生为物纲"意味着支配着这一世界万事万物的基本道德原则,可以说是"生存"或者"共存"。《周易》说,"生生之谓易","天地之大德曰生",老子说"道法自然",对这一原则的精神都有相当透彻的理解和体悟;古代也有"数罟不入洿池""斧斤以时入山林"等行为规范。近半个多世纪以来,今天的世界在生态伦理方面有更丰富的思想发展和实践尝试。而无论古今,涉及万物的主旨或总纲都可以说是"共生共存"。[1]

《周易》中对"天地之大德曰生"有丰满的论述:

> 大哉乾元,万物资始,乃统天。云行雨施,品物流行。……首出庶物,万国咸宁。(乾卦·彖)
>
> 至哉坤元,万物资生,乃顺承天。坤厚载物,德合无疆,含弘光大,品物咸亨。(坤卦·彖)
>
> 天地感而万物化生,圣人感人心,而天下和平,观其所感而天地万物之情可见矣。(咸卦·彖)
>
> 有天地,然后万物生焉,盈天地之间者唯万物,故受之以屯。(序卦)
>
> 范围天地之化而不过,曲成万物而不遗,通乎昼夜之

---

[1] "生为物纲"的详述可参见我主编的《生态伦理——精神资源与哲学基础》,河北大学出版社,2002年版。本书也吸收了其中的一些内容。

道而知，故神无方而易无体。一阴一阳之谓道。继之者善也，成之者性也。（系辞上）

生生之谓易……夫乾，其静也专，其动也直，是以大生焉。夫坤，其静也翕，其动也辟，是以广生焉。（系辞上）

天地之大德曰生。（系辞下）

后来的儒家对此也有进一步的解释。如宋儒程颢说："天地之大德曰生。天地絪缊，万物化醇。生之谓性。万物之生意最可观，此元者善之长也，斯所谓仁也。人与天地一物也。"又《二程集》"遗书卷二上"阐释"天只是以生为道"，说：

"生生之谓易"，是天之所以为道也。天只是以生为道，继此生理者即是善也。……人在天地之间，与万物同流，天几时分别出是人是物？……"成性存存，道义之门"，亦是万物各有成性存存，亦是生生不已之意。天只是以生为道。

万物以生为纲，不仅人要生存，其他的动物、植物也要生存，而那没有生命的物体，直到整个的自然界、整个的地球，也不仅是作为人类和其他生物的家园而存在，它们自身也有独立的存在意义。所以，人今天虽然借助科技和经济的发展，成为地球上最有实力的生命物种，但是，作为有理性和有道德的存在，必须顾及和维护其他物种和物体的存在。也就是说，从"生为物纲"的原则，必然要引申出一系列的行为规范。这里所说的"行为规范"是指人们对自然界除人以外的其他生命及整个自然界能做些什么和不能做些什么，指在人对待非人类的生命和存在物的行为上有哪些道德约束和限制。它可以包括两个方面：一是约束集体、团体、企业、公司、民族、国家的行为的，其中有比较软性的宣言、呼吁、声明等，也有比较硬性的，如各种保护环境的公约、条例、法规等；二是约束个人行为的规范，有的纳入了对违反者将给予惩罚的法律，如对捕猎某些野生动物的禁止，对一种绿色生活方式的提倡。

古代儒家所主张的生态伦理行为规范可以简略地归纳为一种"时禁"。《礼记·祭义》记载："曾子曰：'树木以时伐焉，禽兽以时杀焉。'夫子曰：'断一树，杀一兽，不以其时，非孝也。'"又《大戴·礼记》"卫将军文子"亦记载孔子说："开蛰不杀当天道也，方长不折则恕也，恕当仁也。"我们可以注意，这些话对时令的强调，以及对待动植物的惜生，不随意杀生的"时禁"与儒家主要道德理念孝、恕、仁、天道紧密联系起来的趋向。这意味着对自然的态度与对人的态度不可分离，广泛地惜生与爱人悯人一样同为儒家思想题中应有之义。这些禁令的对象（或者说保护其存在的对象）不仅包括动物、植物，也包括非生命的木石、山川。这些禁令不仅是对下的，更是对上的，不仅是对民众而言的，更是对君王、政府而言的，甚至可以说，更主要的是约束君主与政府。古人甚至提出了对君主的严重警告：如果他们做出了诸如坏巢破卵、大兴土木这样一些事情，几种假想的、代表各界的象征天下和平的吉祥动物（凤凰、蛟龙、麒麟、神龟）就不会出来，甚至各种自然灾害将频繁发生，生态的危机也将带来政治的危机。

现代社会，尤其是最近数十年来的现代世界，生态文明和环境伦理的精神、理论有了长足的发展，对社会与个人也提出了进一步的道德要求。新的生态伦理所采取的视角和立场也不限于以人类为中心，也包括以所有物种、生命或整个生态为中心。它把道德关怀和调节的范围从人与人的关系扩大到了人与动植物、人与大自然的关系。而且，这种扩大虽然看似仅仅是道德调节范围的扩大，是一种量的扩充，其实也带来了伦理性质的改变，引出了"道德顾客""道德代理人""道德地位"等传统伦理学中没有的新颖概念。它所提出的行为规范也越来越全面和具体，例如不污染空气、大地、河流与海洋；不轻易改变地貌、地层和生物结构；保护森林、湿地乃至荒野；保护动物，尤其是大力挽救濒危动物；决不虐待动物乃至提倡素食主义，等等。

以上"新三纲"可以说是既基于人的共同性又基于人的差异性，它有人性论的根据。一个人有多种身份，比如小时候是儿女，大了是夫或妻，父或母，他可能还是某个职业或党派的人。人的性格、气质各有差异，但人除了有各种个性的差异，除了有"普遍的特殊"或"普遍的差异""普遍的个性"之外，也还有"普遍的共性"，亦即人都是人，这时自然就不是拿人和人比较，而是拿人和其他动物比较了。人和其他动物相比，他拥有意识和理性，能够形成自己"好"的观念和基本的正义感，他能有自己的生活计划且能有理性发明工具手段来实现这一计划。所以说，"新三纲"最重要的是依据所有人之同和人与动物之别，而这种同与别其实是一回事。在这一意义上，"新三纲"其实可以总括地说都是"义为人纲"，即"民为政纲"其实就是说人在政治领域的义务，尤其是专业政治人的义务；而"生为物纲"其实就是说人对非人类的自然物的义务。但为什么我们不笼统地只说"义为人纲"呢？因为我们还须注意到人的内部差别，尤其至关重要的在政治上的差别，于是有"民为政纲"；我们除了注意人禽之别，还须注意人禽之同，即都是生命，都是存在。所以人还需主动负起对其他自然物的责任。"新三纲"是同时基于人的共性和个性的。

传统社会的"三纲"，也强调人禽之别，强调在这种差别中显示出来的所有人的共性，此正如孟子所言，正是因为人不同于"禽"，所以人必须有"义"。但"旧三纲"的内容是比较直接地强调人作为人的几种特殊身份的，即人为夫或妻，为父或母，为君或臣的身份。而现在我们考虑的"新三纲"，则试图尽量寻求几种最重要也是最普遍的人的身份：人作为自然物、作为动物同时又是作为有意识的动物的身份或属性；人作为社会人的身份或属性；人作为政治人乃至专门政治家的身份或属性。那么，我们现在看到，唯独最后一种专业政治家的属性不是所有人都具有的属性或身份，却为什么要在"民为政纲"中予以纳入和强调呢？

我们说，的确，"民为政纲"是同时基于人的官民之别和政治人之同的，但除了所有社会成员都具有的公民身份之外，我们还特别要对官员或政治家提出道德要求。我们唯独挑出政治这一领域和政治家这一种职业来形成"民为政纲"，第一是因为政治涉及社会的基本构成，政治关系到每一个人，在很大程度上影响着每一个人的生活前景。第二是因为限制政治权力的任务极其重要，尤其考虑到中国数千年来"官本位"的历史遗产和现实问题，更是如此。

"义为人纲"主要是基于人禽之别和社会人之同的。动物无理性和意识，不受义务的约束。但有理性和意识的人都要受义务的约束。"生为物纲"则同时基于人禽之同和人禽之异，人和其他动物都是物，必须在基本生存和共存的基础上平等；但人和其他动物又不平等，必然在道德能力和生活能力上不平等，所以人要承担道德主体的角色，即由人来努力保障这种平等。这有点类似传统等级社会中，统治阶层要更多地承担道德责任主体的角色。但在人和动物之间，还不是道德责任多少的问题，而是人应该完全承担道德主体的责任。人类社会中没有"超人"，但自然界有"超物"，人类其实就是"超物"。人应当将自己巨大的"超物"能力用于尽力保障所有物种的共存。

从道德或者说义务的角度看，"民为政纲"主要是讲人作为政治人的义务；"义为人纲"主要是讲人作为社会人的义务；"生为物纲"主要是讲人作为自然人的义务。这些义务是普遍的、平等的，对所有人来说都一样。"民为政纲"是平等地要求所有政治人及其创设的制度，它对专门政治家提出的特殊要求，其实也是平等的，因为那实际上是对更高权力提出的要求，谁进入就要接受这一要求，谁退出也就没有了这种特殊要求。"义为人纲"自然也是平等地要求所有作为社会成员的人的。而"生为物纲"则是平等地要求所有作为自然人的人。作为道德义务的原则，这"三纲"似乎不直接讲"权利"，但是，强调政治制度和政治家要向"民"负责、受"民"约束，其实也就是肯定所有"民"的"权利"了。强调所有社会人都要履行平等的义务，其实也就是认可所有人的平等"权利"了。而当强调人类对其他存在物的特殊道德责任时，实际也就是认可动物和其他自然物的"权利"。

于是，可以说在所有人之上，都悬有这三个支配性的道德原则，在这个意义上甚至可以拟人地说，这些原则是这些领域的"主人"。"民"的原则是指所有政治制度和政治人——尤其是政治家都必须对"民"负责;"义"的原则是指所有社会成员在人际关系和交往中都必须服从"义"的原则;"生"的原则稍稍特殊,它是应用于所有存在物的,即所有存在物都是它的调节对象,都有"生存"或"存在"的权利,但由于除人之外的其他存在物没有意识和理性,乃至一些存在物没有行动和感知能力,所以它只是要求具有意识和理性,且在今天发达科技的条件下具有巨大行动能力的人类来承担对所有存在物的道德责任,人类成为唯一的道德主体,也就是成为地球上所有存在物的"道德代理人"(moral agent)。

总之,如果说"民为政纲"是政治领域的道德原则,"义为人纲"是更大范围的社会领域的道德原则,"生为物纲"则是最大范围内的、有关自然宇宙万事万物的道德原则了。前面所说的"政""人",都是既指领域、应用对象,又指主体、要求对象。而在"物"的领域则有所不同,即这里作为应用对象的"物"是指所有的物、所有的存在;而作为要求对象或主体的"物"则是专指人了。人也是高级动物之"物",是自然万物之"物",但和其他的动物和存在不同的是,只有人有意识和理性,人必须担当某种道德代理人的角色。亦即只有"人"这一"万物的灵长"来担任这方面道德义务的主体,来照管所有的"物"。人是"万物之灵",但不是"万物之主"。人今天恰恰是要运用自己的"灵性"来摆正自己在自然界的位置,处理好自己与自然界的关系,善待自然、善待非人类存在物,这样，人才真正配得上"万物之灵"的称号。

如果联系后面要讲的"新五常"来考虑，那么，可以说"新三纲"与"新五常"在调节范围上恰恰是一种逆向的次序。"新三纲"是范围越来越广大，先是政治领域的"民为政纲"，次是社会领域的"义为人纲"，三是世界领域的"生为物纲"。五常伦则是范围越来越缩小：先是最广阔的天人或者说人与自然的关系；次是国内外的族群关系；三是个人与社会的群己关系；四是一般的个人之间的关系，主要是和陌生人的关系；五是熟悉的亲人和朋友的关系。"新三纲"是明确的道德原则，它当然是最重要的，"新正名"其实就是从实践路径的角度再次强调这些原则。而新的"五常伦"则是这五种主要关系的一般指导方针。

第四章 新五常

"新五常"分为两个部分：一是"五常伦"，即五种经常性的需要人来处理的社会关系；一是"五常德"，即人应当具有的五种持久性德性。

一 五常伦

古人所认为的"五常伦"是君臣、父子、夫妻、兄弟和朋友五种人际关系，这是从古代社会抽绎出来的五种重要关系，而今天中国的社会状况和外界条件已经发生了巨变，从现代社会伦理的观点看，我认为可以分出这样五种关系：

1. 天人关系：人与自然界的关系。
2. 族群关系：人们作为群体的各种相互关系，在国际上主要是民族国家之间的关系，在一国之内主要是各个民族族群的关系，当然，还会有比如说不同地区、团体之间的关系，等等。

3. 群己关系：个人与群体的关系，尤其是在一个政治社会之内，人与社会制度、人与国家政府之间的关系。

4. 人我关系：人与具体的他人的关系，尤其是在现代社会与众多的陌生人之间的关系。

5. 亲友关系：父子、夫妻、兄弟以及其他亲戚之间的关系，也包括朋友之间的关系。

对于这样五种关系的道德要求或者说道德期望，我认为或可这样概括：天人和、族群宁、群己公、人我正、亲友睦。

（一）天人和

人与自然界的关系应当是和谐的、共存的，而不应当是战胜与被战胜、征服与被征服的关系，甚至也不能完全是利用与被利用的关系。"天人和"在此主要的还不是指那种个人的"天人合一"的精神境界，虽然这种境界是我们对待自然的宝贵的精神资源之一。作为关系处理的原则规范的"天人和"，这里所指的是人类应将自己与自然界的关系视作一种不可分离的统一体的关系，力求和解与和谐。

自然界是可以没有人而存在的，人却不能离开自然界而存在，故人必须主动去求"和"求"合"，努力去维"和"维"合"。不会天来就人，而是人必须去就天。这样，人与自然界的合理关系就不是人去征服和战胜自然界，而是要亲近和善待自然，如此才能维持一种"可持续发展"。倘若人一味掠夺和恶待自然，则必然要遭到自然界的惩罚，乃至最终被离弃。

中国古先贤也多有天人和合的思想。如王阳明说"天地圣人皆是一个，如何二得？"[1]"良知之在人心，无间于圣愚，天下古今之所同也。世之君子，惟务致其良知，则自能公是非，同好恶，视人犹己，视国犹家，而以天地万物为一体。"[2]阳明又言：

> 大人者，以天地万物为一体也。……是故见孺子之入井而必有怵惕恻隐之心焉，是其仁之与孺子而为一体也。孺子犹同类者也，见鸟兽之哀鸣，觳觫而必有不忍之心焉，是其仁之与鸟兽而为一体也。鸟兽犹有知觉者也，见草木之摧折而必有怜悯之心焉，是其仁之与草木而为一体也。草木犹有生意者也，见瓦石之毁坏而必有顾惜之心焉，是其仁之与瓦石而为一体也[3]。

古人以农耕谋生为主，与自然界天然地有一种较密切的关系。现代科技极大地提高了社会生产力，但人与自然的关系也疏远了，尤其是在现代化的早期，更多有掠夺和榨取自然之举，给自然界带来许多污染和损害。今人应当努力提倡一种保

---

1 《传习录》下。
2 《传习录》中，"答聂文蔚"。
3 《大学问》。

护生态的生产方式和生活方式,使自己努力融入自然,作为自然之子生活在自然之中,而不是以自然的征服者自居而高踞于自然之上。

(二)族群宁

进入 21 世纪以来,阶级斗争的意识形态退潮,民族冲突的危险却有所上升。而在各个族群尤其是民族国家之间,的确也有必须正视的差异存在。其中有两种最为重要的差异:一是宗教的或信仰的差异,这是最高和根本追求的差异,或者说"高端的差异";二是民族或种族在生理体质、性格气质、行为习惯等方面的差异,这或可说是"底部的差异",是属于这个群体的个人与生俱来的、在相当程度上已经被积淀和决定了的差异。而国家还容易加强和巩固这所有的差异,并将族群的差异扩大为实力的对抗和武力的冲突。而多民族的国家自身又包含着族群差异,这些差异同样可能带来冲突乃至分离。最近数十年,造成最大规模流血的,主要就是来自一些国家内部和外部的族群冲突。

所以,保持族群之间的和平与安宁应该是最紧迫的头等大事。首先是不同民族国家之间要求和平与安宁,要努力谋求互相之间不诉诸武力,不发生战争,乃至能够合作共赢;其次也要谋求在一国之内的族群安宁和更高水平的和谐,乃至能够相互携手、精诚团结。

首先谈谈国际关系的伦理。由于现在并没有,甚至未来也不太可能有,甚至不应该有一个全球的统一的国家或政府,所以,处在某种"无政府状态"的国际关系领域似乎是一个最不适合谈伦理而只讲实力的领域。但它的确又是一个最有必要讲伦理的领域,因为国家的冲突最为危险,伤害最大。不过,这种国际伦理的确不会像对一个国家的内部社会的要求那么高,更不会是那种个人的可以高至无限的自我道德期许。它只能是一种最基本的、最底线的道德要求,但也绝不可以没有这种道德要求而任由实力去决定一切。我们可以从三个层面来考虑这些要求:第一是在行为规范层面,比如说能真正落实和遵守互相尊重主权和领土完整、互不侵犯、互不干涉内政、平等互利、和平共处的五项原则。第二是在动机意图层面,应当主张一种至少是"顾及"的原则,即国与国之间,你活也让别人活,在这方面大国责任更重。期望强国和弱国、大国和小国都有在世界上的平等的话语权和影响力实际是不可能的。但是责任应该和实力成正比,大国、强国在这方面责任应当更重。第三则是在根本价值层面,也就是生命共存原则。在这一生死存亡的底线层面上,所有国家、所有民族应当一律平等,即在生存权上一律平等。一个国家的富强,不能威胁到其他国家的生存。在本国富强的理念之上,还有整个人类和所有国家的生存和安全。所以,虽然任何一个国家都可以追求自己的国家利益,但不是什么时候都能最大化、唯一化,更不能因此而不择手段，走向战争。

国内的族群关系也是如此，最重要的是保证和平与安宁。而且可以说，在一个国家的内部，争取这一目标具有更好的条件和动力。不过，国内族群之间的差异也是同样值得正视的。试图完全消除和泯灭族群之间的差异是不可能做到的。与国际社会一样，国内的社会也会是一个充满差异和多样性的社会。我们必须立足事实，正视民族之间的差异，通过寻求核心为平等的系列规范性正义，来达致各民族和平共存、共同发展的目标。在这方面，不仅注意到族群之间经济、物质生活的差异是重要的，注意到族群之间价值观念和信仰之间的差异也是重要的。故此，不仅要提升弱势族群的经济能力和生活水平，也要保障他们的信仰自由和合法的宗教活动。

总之，我们生活的世界是一个充满差异甚至突出差异的世界，我们的经济日益全球化，经济和物质生活日益趋同，但我们的价值观念、精神生活却有不断分离之势。而为了共同的生存和发展，我们就有必要寻求一种道德共识。这种共识恰恰也就是如何对待文化差别和民族差异的根本态度的共识，就是如何与他族和他国和平共处的基本共识。这种共识的核心是一种生命原则，一种对生存平等的共识，从否定的方面来说，就是不杀戮、不抢掠等。只有这样的共识，才有可能为各种价值和信仰追求迥异的文明、文化所认同，因为它们实际已经包含在各种文化的核心规范之内，自身也具有一种客观的可普遍化的逻辑根据。

（三）群己公

上面所言是群体与群体的关系，但是，还有一种群体与个人的关系，尤其是个人与社会、个人与政府之间的关系，值得特别重视。近代以来强调人的个性的发展，个人从各种组织中分离，个人凸显，与各种群体，尤其是国家构成一种既是作为其基本的构成单位，又与其形成某种对称甚至对峙的关系。而如果我们注意到"个人"并不是指某一个或少数自我，而实际是指所有人且强调其中每一个人的独立性，那么，我们甚至可以说，所有群体包括国家，其目标、功能与利益最后都要体现到个人，落实于个人。但个人的确又不能不结成群体和社会生活，今天尤其不能没有国家而单独存在，这样，就有必要在国家与个人之间，或者说，在权力（Power）与权利（rights）之间、在政府权威和个人自由之间，划定一个恰当的、公平的界限。

20世纪初，严复将密尔的《论自由》译为《群己权界论》，并认为只有明确己与群之权界，自由之说方能用。而自由又关涉到人的独立自主：行为只有是行为者自主地做出的，才谈得上善恶和道德责任。人必须有自由，但自由也易流为放诞、恣肆、无忌惮。一个人如独居世外，或可自由放任。但是在人群、社会中，如果大家都无限制地追求自己的自由，则会成一个强权世界，实际谁都不会再有自由[1]。严复此说是有道理的。我们愈是重视自由，也就愈需要理清群己关系及其界限。古人往往从自身责任的角度来看待和保障其他人和社群的自由，但仅仅强调自身的道德，容易流于最后个人自由得不到有效保障的状态。所以，自由的伦理应当是双面的：每一个人为了享有自由都需要尽自己的公民义务，而政府也有责任保障所有个人的平等自由，即防止掌握权力者滥用权力，压制他人的自由而肆意扩大自己或某些特权者的空间。政府应当实际上只是代表每个自我之外的所有其他人的平等自由来行使权力，它自身并不应当寻求自己的任何特殊利益。合理的个人自由权利将限定其他人与社群干预，尤其是政府权力干预的边界；而政府所代表的他人的自由，也将限制任何一个人自由的边界。

换言之，确定群己关系之权界的标准是一种公平，或者说是一种个人基本自由权利的平等。在这些基本权利的范围内，说自由也就意味着平等，因为只有我和其他人一样都享有平等的权利，我才能真正自由；而说平等也意味着自由，因为只要所有人平等，每一个人也就一定都能享有自由。而现代人的基本自由权利主要包括宗教信仰的自由、思想和言论表达的自由，人身、财产和从事经济活动的自由，政治机会和政治参与的自由等。在这些基本权利方面应当所有人一律平等，每个人

---

[1] 参见严复译《群己权界论》"译者序"和"译凡例"，商务印书馆，1981年版。

自由的限度应当只是以妨碍到他人的同等自由为限。政府也主要是在这一意义上行使权力，来限制那些妨碍和侵害他人自由者的自由。

而要真正地落实这种所有人的平等自由，最好的方式就是实行明确规定了公民基本权利的宪政和法治。法治就意味着在法律面前人人平等。法治能够最有效地保障个人自由。法治所限制的其实主要是权力，它们是为了权利而限制权力。在这一意义上，法治也仍然可说是"法制"——不仅是法律制度，也是**制约**权力的法律。于是，要想稳定地确立与维护自由，也就要建立和维护法治。任何有权力者都不能凌驾于法律之上，无权者也不能做"逃票乘客"来规避法律，或者铤而走险来触犯法律。当然，这里最重要的责任是掌握权力者。掌握权力的集团和个人应当遵循古已有之的"天下为公"的原则，即他们的权力的性质应当是一种公有的权力、民有的权力，任何权力以及通过权力来获取的利益的私有和世袭都是不可以的。社会制度的安排和各项政策应当符合公平正义、应当平等地对待每一个人，而每一个人也要善尽自己公民的义务和对其他人的道德责任。

另外，政府施政还要注意"重为惠，若重为暴"，像慎重地使用刑罚等暴力手段一样，也慎重地使用福利手段。这不是指在基本的权利方面，而是指在福利方面要谨慎。福利也并不是越多越好。"放开肚皮吃饭"的"公共食堂"的福利好不好？但持续几个月难以为继了，后面还跟着大饥荒。因为，福利还是"取之于民"的，这里用多了，那里就会少了；给这部分人多了，给那部分人就会少了；政府拿多了，民间就会少了。增多的福利就意味着让政府掌握更多的资源，意味着扩大政府的权力，而一个大政府是有危险的，因为它可能威胁到人们的基本权利，即福利和权利之间还是可能发生冲突的。政府的首要责任是要当"保安"，而不是当"保姆"，或至少不能做所有人的"保姆"，而只做很少数人即那些靠自己的能力不足以自养的人（如"鳏寡孤独"）的"保姆"。

所以，公平和恰当地划定政府与个人之间的权限十分重要，即不能一味地扩大个人的权利和福利，那样，社会就可能成一盘散沙，或者社会在过重的全民福利的重轭下喘息甚至最后崩溃。而警惕和防范某些乃至某一个人攫取过大乃至极端的政治权力则更为重要，因为这样的极权一定会带来对社会福利和个人权利的极度侵犯和压制。

（四）人我正

在人与人的诸种关系中，除了群体与群体、群体与个人的关系，还有一种个人与个人的关系。我们在这里首先想谈一种一般的个人与个人的关系，即一般的"人我"之间的关系，在这方面，大量的是和陌生人、和初次接触的人之间的关系。在传统社会，一个人一生多生活于一村一乡一镇，接触的人比较有限，多是和熟人打交道；而在现代社会，流动性大大增加，一个人一生要和许多人打交道，且经常是陌生人，尤其是现代通信发达的网络社会，许多交易或交往甚至不必见面，于是，在现代社会里，需要更为注意的是与陌生人的关系应当如何讲求义理，平等对待。20世纪台湾地区经济起飞之际，社会讨论"第六伦"即是在处理这一问题。那么，在处理这种人我关系的伦理时，我们应当特别重视的是什么呢？

处理一个人与其他具体个人的关系，自然应当遵循一般道德和礼仪的规则，履行自己应尽的自然义务，也包括在对待他人的态度上能够有古人的"己所不欲，勿施于人"的"忠恕"之义——也是现代的"宽容"之义。而如果作一概述的话，可以说就是平等待人和公道处事的正直，即我们做人做事都要"正"，正道而行，直道而行，不搞邪门歪道。不是所有人都能成为圣人、道德英雄，但每个人却可以，也应当成为一个正派的人、一个正直的人。

不过，我在这里想特别强调一下"信义"，因为"信义"一方面是基本生活和交往单位直接打交道的初级群体的传统社会之伦理相对薄弱的一块，另一方面又是经济和政治生活大规模发展和扩大了的现代社会之伦理所迫切需要的。[1]

我们今天生活在一个以经济为中心的社会里，而诸如"信

---

[1] 对传统"诚信"的地位和内容的分析，对现代"信义"的普遍义务的分析，详请参见拙著《良心论》第三章"诚信"，北京大学出版社，2009年版。

誉"（reputation）、"信用"（credit）、"信任"（trust）等的要求，可以说是今天全球化、一体化社会的道德基石，如果对这些要求的落实不能达到一个起码的水准，社会就几乎无法繁荣发展，交易成本就要大大增加，甚至稍稍正常的经济活动都无法运转。然而，我们又不只是希望通过提高和扩大这"三信"来促进经济的繁荣和物质生活水平的提高，建设一个高信任度的社会显然本身也是目的。我们如果能生活在一个经济活动和其他生活的各个方面都能充分信任别人也为别人所信任的社会里，幸福生活所需要的一些基本社会要素就有了，而个人也将因自己的诚实一贯、人格完整而感到幸福或心安。

所以，"信义"不仅是手段，也是目的。我们为什么应当守信？除了利害的问题，还有一个对错的问题、一个道德是非的问题。无论如何，不管与什么人交往，不管是陌生人还是熟人，守信、践诺、遵守合同这样的行为本身在道德上是对的、正当的，而不守信、不践诺、不遵守合同这样的行为在道德上是错的、不正当的。总之，我们也许不会成为伟大高尚的圣贤，但是，我们每个人都可以成为一个让人信得过的人、一个自身人格完整的人。

（五）亲友睦

亲友之间的关系自然也是要建立在上述一般的个人与个人关系的"信义"基础之上，但它还可以发展为一种更亲近的关系,即一种更加亲密与和睦的关系。通过婚姻和友谊,一些原本的陌生人也可以进入这种关系。但这一亲密体与社会比较起来必然还是范围很小的,如此也才可能亲密。它们就构成社会的一些基本细胞,虽然各自都很小,却对其中成员的幸福来说关系重大。如何处理这方面的关系,在古人那里有非常丰富的思想资源,《尚书》和《史记》等古代典籍中,就已有"五典"(即"父义、母慈、兄友、弟恭、子孝")和"朋友有信"的说法。虽然今天等级服从的意味受到冲击,家庭与社会的区别比传统社会也更为明显,但一种亲情和友情依然受到中国人的珍视,所以,我们还是将其纳入基本的社会关系。[1]

二 五常德

次论"五常德",我这里还是采用古已有之的说法,即"仁、义、礼、智、信",并认为古代这五个概念及其整体联系在今天仍可有强大的生命力,虽然也可以并应该赋予一些新的内容或解释。另外,这五种常德虽然也可以有制度德性的含义,但我这里主要想从个人德性的角度来观察它们,这样,对前面的四种德性就会联系孟子的"四端说"来进行说明,同时

---

[1] 由于古代中国有这方面的大量思想资源,此处不详述,也可参见拙著《良心论》第二章"仁爱"中对古代"亲亲之爱"以及朋友之伦的内容以及现代转换的阐述。

也注意其客观的一面,还有"仁智勇"之"三达德"、《管子》所言"礼义廉耻"等作为参考,并适当参照古希腊人所讲的"四主德"——节制、勇敢、智慧与正义来进行阐述。

和前面的"新三纲"乃至"五常伦"所讨论的五种基本的人与人关系的伦理要求不同,"五常德"是指常常凝结于人格的德性,是更为综合的、全面的,也是上无限制、可以无限提升的。因为这里涉及的不是社会普遍平等的、具有某种强制性的规范要求,而主要是个人的道德选择和追求,所以,我们在讨论每种德性的时候,都将举出一个或一些人格的范例。

(一)仁(恻隐、善意、宽容)

孟子说:"恻隐之心,仁之端也。"此一恻隐之心也就是不忍之心、怜悯之心,对他人痛苦的同情之心。"仁"在古人那里实际被视作德性的"总脑",所以,恻隐之心实际不仅是"仁之端",是"四端之首",也可以视作整个道德的源头。[1] 孟子从道德的源头("端")来讲德性,而且认为所有人都潜在地具有这四种"善端",为人们提供了道德动力和信心的某种保证。"仁"的这一德性概括地说就是"仁者爱人",而其基本的就是"仁者人也",也就是"人其人",即以合乎人道的方式对待人。

---

[1] 详请参见拙著《良心论》第一章"恻隐"中的阐述。

古人的"仁爱"是"立爱自亲始"。这种爱一般来说也的确是在亲人之间更为浓厚,这也是比较自然的情感。但古人也是强调"推己及人"的,强调"己所不欲,勿施于人"以及"己欲立而立人,己欲达而达人"。这其实也就是从人格上将他人与自己平等看待出发,将一种基本的善意扩展开去。高者或能达到一种舍己的慈善,乃至自我牺牲的大爱;低者也能有一种基本的善意待人,而不会恶意地揣度他人或者不惜损人利己地利用他人。一个社会善意的流行是极其重要的,如果到了一个人行善也因可能遭到的种种猜疑乃至毁谤而不敢为之,那这个社会也就真的离崩溃不远了。而除了扬善,社会的宽容也是非常重要的,且不说现代社会人合理的价值追求和生活方式多元化本身就应被视为合理,即便是过错乃至罪恶,也最好是"罪其行而非罪其人",也给犯有过错的人乃至罪人以自新之地。所以,仁者并不是高踞于众人之上,他就在人们之中,他因体察自己心身的脆弱和有限性而同情并怜悯与救助他人的痛苦,他也因体察到自己精神和道德上的有限性而善待与宽容他人。当然,此处能够推己及人,必是要有一颗仁心,要有一种基本的同情和善意。

德性总是与人格联系在一起的,而且传统社会所强调的是士人的德性,是君子的道德。20世纪以来,虽然士人的传人——后来叫作"知识分子"的人们遭到了空前的打压,自身也常常被扭曲,但是,还是在一些人身上展现了古道和新知的结合,展现了道德人格的光辉。所以,我想在下面"五常德"的叙述中主要从他(她)们中举例。这不仅是以示传承,也是展现一种自觉性。这里的人物是自己就充分地认识到自己行为的意义的,而不是被别人树立起来的榜样;他们的行为并非高不可攀,他们履行的还多是基本的义务,却是在一种特别困难的情势或处境中履行,或者终身履行,其行为就是难能可贵,其精神就是非常高尚的了。淳朴的德性固然可贵,但伴随着一种自我意识,甚至是从犯错中挣脱出来的自我意识则更为难得,而从一种苦难中磨炼出来的德性,也更有其高贵之处。

在"仁"的德性方面,我想举出作家史铁生的例证。他也曾年轻气盛,然而在"最狂妄的年龄"——20来岁的时候,却突然得了重病,以后再也不能走路了。起初他也生气发怒,抱怨命运的不公,甚至想要自杀。但后来慢慢平静,在街道小厂劳动,自立谋生。改革开放以后,他有了通过写作改变自己命运的可能。他投入其中,然而,当他终于写出和发表杰出作品的时候,最爱他的,也是他最想向她证明自己的母亲却已经故去了。他的病情也愈加严重,旧疾加上新疴,使他经常处在病痛的折磨中和死亡的边缘,正如他笑谑的,生病成了他的职业,只是业余写点东西。但他却变得越来越温和、宅心仁厚,精神飞扬,在他的作品中,在他的生活中,他都表现出了一种强烈的对他人痛苦的恻隐之心、对他人的宽容与善意、对"命若琴弦"的脆弱生命的关怀与热爱。他说:"人都是有残缺的","没有一个社会是也不可能是完美的",而"爱情与残疾,这两个消息概括了人全部的消息"。"人类的历史风云挤压下来的问题,没有宽容那就全完了。""我们受的教育中缺少这一块东西,就是善良。""忏悔从来不能用于他人,只能用于自己。""一定要形成一个自己追究的状态,而不是他人追究的状态。"[1]他挚爱自己的父母、妻子、其他亲人,也非常关心自己的朋友、周围的人,素不相识的人。而在这种关爱中,又始终有一种对所关爱对象的尊重。他曾在写给一对有残疾孩子的父母的信中,在考虑是否让孩子出演一部与其有关的电影时,极尽温柔和体贴,反复设想这事对孩子健康成长的各种可能利弊。他也曾在患有重症的陌生少年想见他时,不顾自己的病痛不适,立即坐轮椅前往,与其促膝谈心。

史铁生关注至高无垠的精神信仰,也关注问题丛生的社会政治。他不以自己的身体痛苦为意,却深刻地体会和关切着他人的痛苦、悲悯人间的苦难。他的胸怀越来越博大,越来越能宽容各种意见、各种价值和生活方式。他的善良、乐观、坚强的精神人格感染着他周围的人,他还经常直接地给予需要安慰、鼓励和救助的人以具体的帮助,而当他最后离开的时候,他早已遗言,将自己的器官捐献给活着的、需要的人。他克服

---

[1] 以上引语均见阎阳生的访谈记录《透析生命》,收在《生命:民间记忆史铁生》,中国对外翻译出版公司,2012年版,第70—79页。

巨大的身体障碍和病痛，写出的诸如《我与地坛》《务虚笔记》等杰作，必将一代代地遗泽后人。他是一位现代中国之子，又是一位具有真正传统精神的仁者。

（二）义（羞恶、勇敢、坚持）

孟子说："羞恶之心，义之端也。"这里一是点出了义的基本性质，一是点出了"羞耻"，即义首先是一种对恶的禁令，是对犯恶的羞耻。如果说"恻隐"是德行的正面引发动力，"羞耻"则是德行的反面刺激动力，在有些人那里，后一种动力甚至能超过前一种动力。

"羞恶"是"羞"人之恶，也是"羞"己之恶——如果自己面对他人的、社会的恶完全漠视、不予制止的话。当然，最优先的还是自己不主动犯恶，不管利诱再大也"羞恶"而不为。所以，顾亭林说，士人君子的道德修行先不用说那么高远，而不妨就从"行己有耻"开始。而孟子也早就说过，最大的耻是无耻。如果一个人堕落到了一点羞耻心都没有的地步，那对他的确也就没什么指望了，除非他哪一天重新开始萌生"知耻"之心。

"知耻"是因为有"义"的标准在，是用"义"的标准衡量而觉其"不正"而感到羞愧。但仅仅有羞愧可能对"改正"还是不够的，还必须有践行"义"的勇气。尤其是在纠正他人和社会的恶的时候，更需要一种充满正义精神的勇敢。勇敢并不是好勇斗狠，而是循义而行的大义凛然。一个正义者的勇敢其实是来自绝对地服从正义，或者说是来自老了所说的首先"勇于不敢"，即不敢僭越，视正义为绝不可违背的真理，故此她/他方能够有勇气"虽千万人，吾往矣"，而且能够始终如一地坚持。

在"义"的德性方面，我想以著名学者钱穆为例。1937年7月，抗日战争全面爆发，时在北京大学任教的钱穆南下，取道香港，转长沙，至南岳。又随校迁滇，路出广西，借道越南，至昆明，再到蒙自。他在近十个月的时间里，辗转流徙万里，稍稍安顿之后，自念在民族危难面前必须有所"靖献"，致力向学生及国人揭橥民族国家与历史文化之大义。于是一边为诸生讲国史，一边写作《国史大纲》。其时学界主流重视新潮，对中国历史文化传统批判和否定甚烈，民族自信心亦颇受影响。他从5月起开始起稿，当时空袭警报频来，他不得不每天早晨抱此稿出旷野构思写作，逾午乃返。后又转地至宜良，居城外西山岩泉下寺，终于写成《国史大纲》上下两册。

钱穆在其《国史大纲》开首即言明：一国之国民，对其本国以往历史，应该略有所知；且"尤必附随一种对其本国以往历史之温情与敬意"；不"对其本国历史抱一种偏激的虚无主义"。他特别强调国存国兴与知悉国史的一种紧密关系，说"以一年半之艰苦抗战，而国人遂渐知'自力更生'之为何事。盖今日者，数十年乃至百年社会之积病，与夫数千年来民族文化之潜力，乃同时展开于我国人之眼前。值此创剧痛深之际，国人试一番我先民五千年来惨淡创建之史迹，一棒一条痕，一掴一掌血，必有渊然而思，憬然而悟，愀然而悲，愤然而起者。要之我国家民族之复兴，必将有待于吾国人对我先民国史略有知"[1]。

钱穆认为，当时"革新派"的史学，于中国历史，几乎都以"专制黑暗"一语抹杀，又将二千年来思想界，也看作均与专制政体相协应。故而，当此"中国有史以来未有的变动剧烈之时代"，急需写作新的通史，一是将我国家民族已往文化演进之真相明白示人，二是能于旧史统贯中映照出现中国种种复杂难解之问题，为一般有志革新现实者所必备之参考。"前者在积极的求出国家民族永久生命之源泉，为全部历史所由推动之精神所寄；后者在消极的指出国家民族最近病痛之证候，为改进当前之方案所本。"而"其最主要之任务，尤在将国史真态，传播于国人之前，使晓然了解于我先民对于国家民族所已尽之责任，而油然生其慨想，奋发爱惜保护之挚意也"。[2]

钱穆指出，中国历史上政治体制的演进主要是在和平中求得进展的，这大概分为三个阶段：一是从秦汉完成的由封建而跻统一；二是在东汉完成的由宗室、外戚、军人所组成之政府，渐变而为士人政府；三是在隋唐完成的由士族门第再变而

1　钱穆：《国史大纲》，上册，"引论"，商务印书馆，1996年版，第30页。
2　同上书，"引论"，第8页。

为科举竞选。"考试"与"铨选",遂成为维持中国历代政府纲纪之两大骨干。而这二者皆有客观法规和公开准绳,即便皇帝也有不能动摇之处,这不仅表现了一种理性精神,还体现了一种让各地优秀平民得有参政之机会的"天下为公,选贤与能"之旨。而中国社会的进步,也可以说主要是在于经济地域的逐渐扩大,文化传播的逐次普及,以及政治机会的逐次平等。但他也指出隋唐科举制确立以来,虽然有士族门第之地位消融渐尽的进步,但社会也由此走上平铺散漫之境,缺乏足够的力量抗衡外部的进犯。

钱穆所申明的民族之大义,不仅限于政治社会,而更重这后面的文化及其价值精神。他说"民族之抟成,国家之创建,胥皆'文化'演进中之一阶程也。故民族与国家者,皆人类文化之产物也"。他也重视两者之间的关系,说:"人类苟负有一种文化演进之使命,则必抟成一民族焉,创建一国家焉,夫而后其背后之文化,始得有所凭依而发扬光大。"[1]

钱穆并不拒斥世界文明的大潮,不否定共和民主的价值,甚至对当时敌国,亦能肯定其长处,如其指出此前日本明治维新借助传统进行改革,不求"速变""全变"对于中国的借鉴意义。其对国史的阐述已经超越比较传统的局限于一国的国史,而是能够在一种世界的眼光和与异域尤其是西方的比较中

---

[1] 钱穆:《国史大纲》,上册,"引论",第31—32页。

展开。虽然他的一些具体观点仍可商榷，但其著述可以说在唤醒国人的民族精神、凝聚民族力量方面起了重要的作用。

抗战军兴，中国的年轻人纷纷奋起保家卫国，后期还有"一寸山河一寸血，十万青年十万兵"的知识青年从军运动，大学生纷纷投笔从戎。钱穆作为当时的一位著名学者，以自己的最有力方式坚持民族大义，阐发和弘扬民族精神，尤其是他以其深厚的史学功底和见识对中华优秀历史文化因素的挖掘，更有"虽千万人，吾往矣"的气概，也起到了在某种程度上扭转时代思潮、平衡历史评估的作用。他的《国史大纲》很快成为当时中国许多大学通用的历史教科书，其后他又著有《中国文化史导论》《中国历史精神》《中国历代政治得失》《国史新论》《民族与文化》《中国文化传统的潜力》《中国文化精神》《世界局势与中国文化》《从中国历史来看中国民族性及中国文化》等许多著述，毕其一生都在致力于"为故国招魂"（余英时语），为中国民族与文化的复兴竭尽其力。

（三）礼（节制、克己、温文）

"礼"也是一种社会制度和礼仪，不过我们在这里主要从个人德性来考虑。孟子说："辞让之心，礼之端也。"又说："恭敬之心，礼也。"而敬让他人就必须节制和约束自己，就必须克己，"克己"方能"复礼"。克己就意味着要节制自己的欲望，尤其是物欲。所以，"礼"这一德性可以说和古希腊人所说的"节制"德性最为接近，即所谓"礼节"是也。而一个人，也可以通过从公共场合的礼节一直到整个人格的温文有礼，以达到与上述行义之勇的某种平衡。

在"礼"的个人德性方面，我想特意举新文化运动的代表胡适为例。在思想和知识上，他是努力求新的，在倡导从形式的白话文到内容的新思想方面不遗余力。他主张打破许多社会的束缚，尤其是思想的禁锢。然而，在他自己的生活中，他却恪守追怀先人、孝顺母亲的传统道德，甚至在看来有更适合他的婚侣的情况下，仍然保守和维护与从未接受过新教育的妻子的婚姻，而在这后面，是有不忍伤害自己的发妻和不愿违背母亲的遗命的意思的，为此他不惜克制自己的心愿和约束自己的行为。

胡适很年轻的时候，也有过短期放荡的经历，但当他一旦醒悟，则戒除恶习，发愤读书，终于考取了庚子赔款奖学金赴美留学，且终其一生未再放任。他对人总是温文友好，宽容大度，严于律己，甚至忍辱负重。20世纪40年代末他任北京大学校长，据季羡林回忆："他待人亲切和蔼，见什么人都是笑容满面，对教授是这样，对职员是这样，对学生是这样，对工友也是这样。"他以保护学生为己任，尽管他和参加示威游行的学生理念不同，但每次学生被捕，他都奔走于各大衙门之间，逼迫当局非释放学生不行。他早年"暴得大名，谤亦随之"，他都能不介怀，不在意，晚年看到自己培养多年的弟子严厉批判自己,也能理解和体谅。而对他认为不合适之馈赠或礼遇,他会明确地予以拒绝或退回。对最高上司之错误,他也能不客气地予以指陈。胡适的温文有礼,其实又是有持身的原则的。

(四)智(明经、知权、中道)

孟子说:"是非之心,智之端也。"这里的"是非"是指道德的"是非",即道德上的对错,或正当与不正当。如果说孟子在前三种德性中所强调的是道德的情感和意志的话,那么,这里所强调的看来是一种道德判断的理性,或者说是对"义"的理性认识,但它看来也不仅包括对"经"(道德原则)的认识,也包括对"权"(在具体情境中道德权衡或选择的意志和智慧)的认识。它也是一种平衡和寻求中道的智慧。这里的"智"和古希腊人所说的"智慧"是相通的,但在中国,比较集中于道德的理性和抉择。

在"智"的德性方面,我想举在如此变动的时代里,虽然观点也屡有变化,但总体看却是以其睿智的理性,坚持了正确的原则的梁启超为例。他早年追随康有为参加戊戌变法,但也不是一概同意其师的观点,而是一切以追求真理为依归。他在20世纪初一度思想激烈,甚至主张暴力、暗杀等手段,但后来也恰当地调整了自己的观点。他在辛亥前主张君主立宪,但当辛亥后袁世凯要复辟帝制的时候,则挺身而出,捍卫共和。

梁启超晚年更重学术思想，但对社会政治的运动也有清醒的认识。在我看来，他是近代中国一位最伟大的启蒙者。他并不激烈和张扬，不尖刻，不主张否定和打破传统，而是努力结合传统优秀文化和外来先进思想，在固有的文化根基上推陈出新。他并不像古希腊那样的"智者"，他是一位爱智者，相比占有知识或技艺，他更重视追求智慧和热爱真理。他对自己已有的知识和见解保持一种开放和随时准备修正的态度。他的智慧不仅表现在公共领域，不仅是用于国事，在家事，尤其是教育孩子方面，也表现出一种深切的关怀和睿智。他的几个孩子几乎可以说是近代名人中较有品格和成就的。他其实还是一位宽厚的仁者，对中国和世界怀有一颗赤子之心。他晚年被协和医院的医生在手术中误割一肾，他不予声张，宽大为怀。

（五）信（守信、互信、诚信）

"信"其实也是应当贯穿到上面所有的德性之中的，即所有的德性都要主观上诚，客观上信；个人之言之行遵循诚信，而最终达到人与他人之互信、政治社会之公信。我们在社会中可以很清楚地看到这样的经验教训：政治运作的有效必须以权力起码的公信力为前提；而和谐社会的启动也必须以人与人之间的基本互信为前提。所以，"信"既可以说是一种联结，又可以说是一种目标；既是个人的一种德性，又是我们期望达到的一种社会状态。

为人首先是要守信，要遵守自己的承诺、各种契约或合同，甚至还有如苏格拉底在狱中所说的那种对城邦、对社会的隐含承诺。其次，也要信任别人，亦即互信，而不能一味猜疑。甚至可以说，如果的确难于判断的话，也宁可失之于轻信，不要失之于猜疑。动辄质疑，甚至无限质疑不是一种与人为善的态度。轻信是一个缺点，却是各种缺点中一个最可理解甚至可爱的缺点。当然，所有的信守都应贯穿以诚，我们是要真诚地给出承诺和信任他人。

在"信"的德性方面，我想举梁济与梁漱溟父子为例，这不仅是以示传承，"诚信"也的确是他们最突出和连续一贯的特点。梁济作为清代旧臣，虽非位高权重，却已自许一心诺，愿意以放弃自己的生命来表示某种不仅是对政统更是对文化道统的忠诚信守。因为他不相信自幼所接受的纲常礼教就全无是处，也认为一种如此强调道德的文化传统之衰亡必应有人为之殉节。所以在他认为适当的时候，他毅然投水自尽。他的行为也许不必仿效，他的精神却值得人们尊敬。他在其遗言里其实也是期望活着的人们推进共和之德。他走了，因为他是属于过去的，儿女也长大成人。而未来的人们却应该去创造一个好的新世界。

而梁漱溟的确也表现了和他父亲一样的对世道人心的强烈责任感。他心口一致，言行一致，即便在巨大的压力下也是如此。在20世纪50年代,他不惜触犯龙颜也要为农民的疾苦说话。在"文革"中,他反对把"接班人"写进宪法,但主张一个国家为国体计还是要设国家主席。在后来的"批林批孔"运动中,许多原来尊孔崇儒的知识分子纷纷转向,而梁漱溟依然坚持自己的观点,反对批孔。梁漱溟是一位刚毅的老人,而他的刚毅最突出地就表现在"修辞立其诚"上。

以上史铁生之仁心、钱穆之道义、胡适之有礼、梁启超之爱智和梁漱溟父子之守信,都是在一个大变动的时代里仍然保持灿烂光辉的人格德性。这些德性既是上接传统,又可以开启我们的未来。但正如前述,为了展现一种传承,自觉磨炼精神和自我意识与言论,上面所举人格德性都侧重于士人。但这并不意味着这些德性就没有丰富地显示于其他群体。在各行各业,都有在仁、义、礼、智、信以及综合的德性方面涌现的光辉人格。许多普通人,比如不识字的老人们,曾经缠足的祖母、曾祖母们,他们不图任何报偿地对家人的慈爱,他们对陌生人发自由衷的深深善意和对他们所遭受的痛苦的同情与帮助,他们朴素的大度宽容和与人为善,等等,都永远令我们感动,今天仍然是我们道德资源的宝库。

上述所举各位先贤,我们只是就其最突出或最需点出的一面阐述,而他们的德性并不止一端,整体上也都是道德君子。

第五章

新信仰

以上所论"纲常"是讨论作为社会根基的道德原则、规范与德性，下面两章是讨论社会新伦理的价值信仰体系和入手途径。在传统伦理学中，价值信仰与原则规范、人格德性三者是紧密结合在一起的，而且是以一个主导的价值信仰体系和落实到人格的德性为中心，而现代伦理学则是以面向行为的原则规范为中心，或者说，是从传统的以"善好"（good）为中心转到现代的以"正当"（right）为中心。但是，价值信仰作为各种可能的支持精神，还是起着巨大的作用，尤其是在原则理据之后的个人道德践履的层面，更是具有一种最深远的动力和源泉的作用，因为它们的形成和作用机制不仅是理性，也包括感情、意志和信念。

对基本的道德原则规范以至入手途径方面，我们应当努力寻求和凝聚社会的共识，而在价值和信仰方面，我们则应当允许个人和群体的多种多样的差异，允许多种多样的精神信仰来给予我们履行基本原则规范以支持，甚至可以说，支持我们做正当事和做正派人的精神资源是多多益善的。但对这些合理互异的价值信仰，我们也还是可以概述出一些一般的特征，包括反映民族和文明性质的一般特征，或者说概述出一些基本的信仰和尊敬对象。

有关走向共和之后的国人的价值信仰，我想或可就以中国传统社会，尤其是以明清数百年间自然而然地在民间社会兴起的崇敬对象为基础进行改造，这就是在传统民居厅堂正中壁上或神龛上郑重书写的五个字：天、地、君、亲、师。这一信仰体系虽然在明清才以明确的形式广泛流行于民间，但在中国的历史文化传统中却是源远流长的，可以追溯到上古先人的生活与观念。《荀子·礼论》中有这样的阐述："礼有三本：天地者，生之本也；先祖者，类之本也；君师者，治之本也。无天地恶生？无先祖恶出？无君师恶治？三者偏亡焉，无安人。故礼上事天，下事地，尊先祖而隆君师，是礼之三本也。"[1]也就是说，对这些对象的崇敬，也就是对生命之本源的崇敬，对我们特定祖先的崇敬，也是对政治秩序和社会教化的尊敬。

民国代清之后，民间许多人自发地将其中的"君"改为"国"。我想，如解释得当，这有可能会是一个能被范围最广泛的人们接受的一个信仰体系，即天、地、国、亲、师。下面我试着对此做一些新的解释。

---

[1] 类似的说法也见于《史记》《大戴礼记》等。

一 敬天

和前面"天人"关系中所说的"天"仅仅指自然界有所不同，这里的"天"主要是指精神之"天"。天是高远的，神秘的，超越于人的。康德赞叹过浩渺的星空，爱因斯坦因宇宙空间的神秘和谐油然而生敬畏。中国的古人也一直有敬天祭天的传统，尤其是在西周之前，"天"还具有明显的人格神的意味，"天"常常和"帝""上帝"的意思联系在一起，"天""人"之间有着永恒的距离。在经过从西周一直到孔子的人文化之后，"天"虽然失去了强烈的主宰神的意味，但人们对"天"还是始终保持着一种敬意，"天"仍然具有一种精神性存在的含义。所以，我们这里所说的"敬天"即敬仰一种高远的、超越的、具有精神性的存在。这种敬重会采取各种不同的形式，可能是某种特定的、精深的宗教形式，也可能是一种原始的、素朴的信仰，但无一例外地包含有一种超越于人的因素，一种虔敬或敬畏的因素。它在人们的价值信仰体系中居于至高的地位，常常具有一种统摄性的意义。

今天的中国社会，人们信仰的形式和对象及其教义的内容都有许多不同，呈现出一种多元化的状态：既有本土生长的儒教和道教，也有源自印度的佛教，还有源自近东的基督教和伊斯兰教；此外也有众多朴素的如自然崇拜、动物崇拜、万物有灵论的原始信仰。但我们主要就其共同之处，并着重从信仰与道德的关系观察，概括出这所有的信仰形态的两个一般特点。

第一个特点是一种对超越于或至少是外在于人类的存在的某种敬意。这就使人类不至于完全囿于一种自我中心主义或利己主义，能够意识到人类本身具有的某种有限性，从而关注和追求更高的存在或至少顾及其他的存在。人不是无所不能，人也不能无所不为。人之上和之外，还存在着一些更高的东西。有此认识，或就不会太斤斤于人间的功利逐求，甚至不会太在意于世俗的成功与失败，更不会不择手段去追逐成功和战胜。因为在人之上还可能有更高的制裁，在人的肉体满足之外也还有对灵魂的关照。后者也更符合于人的身份，最有可能带来一种安身立命的永恒幸福。人并不是只有地上的面包，也还有天上的面包；并不是只有俗世的赏罚和报偿，也还可以有永恒的记忆和报偿。所以，人不能不谨慎于自己的行为，人世间的成功并不就是一切，人世间的战胜并不就是一切。

第二个特点是一种对人类自身的悯意。既然人类并不是无所不能，而是存在知识上、道德上、幸福上包括肉体生命的有限性，既然人间社会也必然会因为这种有限性而存在痛苦和苦难，那么，就不能不对这种痛苦和苦难抱有深深的悲悯，尤其是对那些弱势者的痛苦。而我们不仅要悲悯那些弱势者的生活不幸，也要悲悯那些强势者的道德不幸；我们不仅要批评那些犯有道德罪过的人的行为，也要反省我们自身可能只是因为缺乏机会而没有变成行为的道德恶念。

的确,这些"敬天"的不同信仰形式也可能会发生矛盾乃至冲突。我们对自己的特定信仰应当是热烈的、投入的、虔诚的,但对其他的信仰又应当是尊重的、开放的、愿意交流和沟通的。为此我们也还是要寻求一些在道德上的共同点,即在各种合情合理的信仰体系中其实都存在的一些涉及人与人关系的基本规范和行为准则,例如"不可杀人、不可强暴、不可欺诈、不可盗抢"等。西方的一些基督教徒如孔汉思等,曾和其他宗教的信徒努力发起和推动"世界伦理"的事业,这一"世界伦理"也就是试图在平等尊重所有宗教,也包括平等尊重所有人的基础上,促进所有不同信仰的人的交流对话与和平共处。而中国一些学者,如何光沪,也尝试提出一种"百川归海"的全球性宗教哲学。[1]

二 亲地

传统的信仰对"天地"没有明显的区分,我们这里将"天"和"地"明确区分开来,即这里的"地"是指自然界,尤其是指人类休养生息的地球、我们匍匐其上的大地、同胞与亲人亲密往返的乡土、我们生于斯长于斯的家园。它是具体的,贴近的,我们对它不能不怀有一种亲近和珍惜的感情。

---

[1] 参见何光沪《百川归海》,中国社会科学出版社,2008年版。

中国传统社会一向以农耕立国，农人对土地一直有一种极其亲切的感情，而中国的士人也多是居于乡间或辗转城乡，他们留下了许多和大自然亲密无间的文字和绘画作品，例如陶渊明和王维的诗，王希孟、黄公望的画；尤其是历代的一些隐士，更是在生活方式上也力图隐没自我而融入自然。在域外，19世纪美国的哲人梭罗，比起亲近和熟悉人，他或许更亲近和熟悉大地，他独居于瓦尔登湖边时写下的文字直接吻合着自然的脉动，也反省文明的命运；还有像俄苏作家普里什文等，也写下了许多细致地观察大自然的细微变动的文字，展现了大地上各种生灵的活力和美丽。曾经在美国东部科德角海滩的一间简陋屋子里生活过一年，抵近观察过海洋、沙滩和过往的鸟类、鱼类的亨利·贝斯顿如此写道："无论你本人对人类生存持何种态度，都要懂得唯有对大自然持亲近的态度才是立身之本。""羞辱大地就是羞辱人类的精神。"他呼吁人们："抚摸大地，热爱大地，敬重大地，敬仰她的平原、山谷、丘陵和海洋。将你的心灵寄托于她那些宁静的港湾。因为生活的天赋取自大地，是属于全人类的。"[1]

热爱大地的人会对四季特别敏感。英国19世纪的作家吉辛写过《四季随笔》，美国20世纪的生态学家利奥波德在《沙乡年鉴》一书中，以优美的文字记录了他的沙乡农场中的大

---

1 [美]亨利·贝斯顿：《遥远的房屋》，程虹译，生活·读书·新知三联书店，2012年版，第161—163页。

地、草木和动物以及四季变迁，而更重要的是，他还提出了一种新的伦理学——大地伦理。在他看来，伦理学的范围必须从对人的关心扩大到对自然界的关心，要尊重所有的生命及它们所栖息的大地。为此，他提出了"大地共同体"的概念。他认为今天的"共同体"不仅要包括所有人，也要把土地、水、植物和动物都包括在其中，把这些看作一个完整的集合，那就是"大地"。而人只是这"大地共同体"中的成员之一，并不是所有者和统治者。"大地伦理"暗含着对这个共同体每个成员的尊重，也包括对这个共同体本身的尊重。这里的基本道德标准是："当一个事物趋向于保护生物共同体的完整、稳定和美丽时，它才是正当的；否则，它就是不正当的。"大地伦理要求现代人对自然界有一种态度和生活方式的改变，即将人类自己与大地亲密地融为同一个命运共同体。

对中国寄予很大期望的英国文明史家汤因比，曾经在《人类与大地母亲———部叙事体世界历史》一书的结尾这样写道：

> 生物圈包裹着地球这颗行星的表面，人类是与生物圈身心相关的居民，从这个意义上讲，他是大地母亲的孩子——诸多生命物种中的一员。但是，人类还具有思想，如此，他便在神秘体验中与并非在此世界的"精神实在"发生交往并与之合一。

……人类将会杀害大地母亲，抑或将使她得到拯救？如果滥用日益增长的技术力量，人类将置大地母亲于死地；如果克服了那导致自我毁灭的放肆的贪欲，人类则能够使她重返青春，而人类的贪欲正在使伟大母亲的生命之果——包括人类在内的一切生命造物付出代价。何去何从，这就是今天人类所面临的斯芬克斯之谜。[1]

面对这一前景和抉择，占世界人口四分之一的中国人的行为、态度将是至关重要的。

三 怀国

"怀国"的"国"，自然是指国家，指我们往往生即进入、死方退出的政治共同体。不过，它可能不只是一种政治秩序，还是文化家园意义上的"家国"，是祖先之国意义上的"祖国"，无论我们是不是走遍世界，我们心里总会装着它，想要它好，想为它做点什么，而远离将更加怀念。

怀国的一个古老而恒久的典范，是伟大的爱国诗人屈原。据《史记》，他"博闻强志，明于治乱，娴于辞令"，开始很受楚怀王重用，"入则与王图议国事，以出号令；出则接遇

---

[1] [英]阿诺德·汤因比：《人类与大地母亲——一部叙事体世界历史》，下卷，徐波等译，上海人民出版社，2012年版，第640—641页。

宾客，应对诸侯"。他不是一个主张扩张的国家主义者，他主张联齐抗秦，深刻认识到秦国作为"虎狼之国"的性质。他也不是单纯的忠君爱国者，"长叹息以掩涕兮，哀民生之多艰"，对民众有深切的同情，或者说，他忠君爱国是以苍生为念。为此他不懈地追怀自己的故国和真理性的理念，"路曼曼其修远兮，吾将上下而求索"。而且为了善的理念，他极其坚定，"亦余心之所善兮，虽九死其犹未悔"（引文均见《离骚》）。而他在为国尽忠、竭尽全力仍不济之后，虽然也可出走他国，但他宁愿以死明志，投汨罗江自尽。

我们需要注意，爱国是一种很容易因故土、故人之缘生发的深厚感情，也是很容易被点燃和广泛流行的感情。但"爱国"本身并不是道德的标准，它还应受道义原则的约束。此一国家的人爱国，彼一国家的人也同样爱国。这都是自然合理的。在合理的范围内，爱国不仅是一国繁荣强盛的强大动力，对其他国家也不会造成伤害。但是，如果这爱国的感情超越正常合理的范围，就可能不仅对他国人民的生命财产造成伤害，而且最终也会伤害到本国的人民和国家利益。所以，在"爱国主义"之前是应当加上"道德"的限制词的，否则，各国均可以打起"爱国"的大旗，以"爱国"之名，行"集体的"乃至少数野心家"个人的"利己主义之实。

实际上有各种各样的爱国主义，而从道德的观点看，则有两种：一是合乎道义的爱国主义，一是不合乎道义的爱国主义。屈原的爱国主义是合乎道义的爱国主义，他不仅是捍卫祖国，也是捍卫道义，即捍卫和平、捍卫信义。楚怀王因为贪图一国一己之私利，才会轻信张仪之诈而背与齐国之盟，而在知受骗后又不客观审度形势，也不吝本国人民的生命财产，举全国之力而求与秦决一死战。由于他先已背弃了和其他本来友好的国家的关系，在与秦战时变成孤军奋战，结果魏趁机攻楚，齐国也不救，而他兵败之后赵国也不纳，最终被秦国俘虏，客死他乡而"为天下笑"。

只有合乎道义的爱国主义才是真正的爱国，而最后误国甚至丧国的很可能也是打着"爱国"之名。我们能够想象得到，当时向楚王和国人毁谤和反对屈原的上官大夫、令尹子兰等人所提出的"理由"和言辞，绝不会是其背后的蝇营苟利，接受贿赂，而一定是冠冕堂皇的"忠君""爱国"的大词，比如他们很有可能是指屈原坚持与齐国结盟为"卖国"，称赞楚王接受张仪诈许的"六百里"是为了"扩大国家版图"，后又支持大举向秦国进攻是为了彻底"教训对方"，等等，否则，也不会造成屈原几次被君主流放的困境。而且，他们也肯定不仅是说动了君主，也一度掌握了社会舆论，即楚国人多听信他们的蛊惑之言，所以屈原才会觉得非常孤独，觉得"世混浊莫吾知，人心不可谓兮"（《九章·怀沙》）、"吾不能变心以从俗兮，故将愁苦而终穷"（《九章·涉江》），乃至觉得"举世混浊而我独清，众人皆醉而我独醒"（《渔父》）。由此可以想见，当时的社会舆论对屈原是很不利的，屈原的言行并不被时人相信，甚至他被认为是"卖国贼"也未可知。然而，后来的事实证明，他才是真正的爱国者，是忠贞不屈、至死不渝的爱国者。大概也正是因此，司马迁才会对此事评论说，不管是聪明还是愚笨的君主，谁都会想要忠臣或贤人来帮助他治国，但为什么却多见亡国者呢？原因就在："其所谓'忠'者不忠，而所谓'贤'者不贤也。"

我们需要坚持符合道义的爱国，只笼统地讲"爱国主义"是不够的。就以最易激起爱国主义感情的战争为例，有一些战争甚至可以说是不少的战争，并不是说战争的一方是不正义的，另一方就是正义的；而是很可能双方或多方都是不正义的，都只是为了自己狭隘的、冒名的"国家利益"而互相冲突，从而造成生灵涂炭。即使战争中有一方是正义的，即他们所进行的战争是反侵略的战争，他们所采取的战争手段也还需受道义的约束，比方说不能伤害平民和已经放下武器的战俘，等等。另外，即便是合乎道义的爱国主义，也不应只是一堆感情，只是激愤、叫喊，而应当是脚踏实地的努力和勇敢坚毅的抗争，并且还应有智慧和谋略；不应是一味不惜同归于尽地求战，可能还要进行适当的谈判、结盟乃至妥协，因为任何战争都是必然要造成生命和财产的巨大损失的。

但无论如何，我们命定地生在哪一个国家，就应当将祖国放在心里，就应当无论怎样都坚持民族大义和自身大节的。

屈原正是这样一位伟大的爱国者。尽管他遭受了种种谗言和迫害，几次被流放僻远之地，"行吟泽畔，颜色憔悴，形容枯槁"，但是，他仍深深地"眷顾楚国，系心怀王，不忘欲反。冀幸君之一悟，俗之一改也"。故此，朱熹在注《离骚》中"仆夫悲余马怀兮，蜷局顾而不行"一句时说：此乃屈原"托为此行，周流上下，而卒返于楚焉；亦仁之至，而义至尽也"。

四 孝亲

"亲"可以指所有的亲人。但作为信仰，我们这里更强调对长辈尤其是对自己所从出的父母和祖先的挚爱、崇敬和孝顺。这是中国历史文化中一直比较浓重的传统。"慎终追远"，我们要孝敬、热爱我们的由来方，是为"知本"。

传统中国社会的道德是两分的，上层要求更高，君主要有"百姓有过，罪在一人"的心态和君德，士人要努力追求"希圣希贤"的境界，而下层老百姓的道德则主要是一种教化，受上层的示范影响和教育而成。但有一项道德要求或信念可以说是贯通上下的，是具有一种社会的普遍性的，这一要求就是"孝"的要求，就是尊崇自己的祖先的信念。所以，《孝经》列举了从天子、诸侯、卿大夫、士、庶人所有阶层的孝义，说"夫孝，德之本也，教之所由生也""先王有至德要道，以顺天下，民用和睦，上下无怨"。

各个阶层的不同的"孝"中,"用天之道,分地之利,谨身节用,以养父母"这一"庶人之孝"可以说是最基本的孝,是要求所有人的。而我们还注意到:"身体发肤,受之父母,不敢毁伤。"这是"孝之始也"。也就是说,任何一个人都不是孤立的一个人,都是有来源的,都必由一对父母所生。那么,他就要保守自己的身体和生命,要意识到这一生命和身体并不仅仅是属于自己的,这一保存自己生命的要求也是对所有人而言的。而"立身行道,扬名于后世,以显父母",则是"孝之终也"。这不一定是所有人都能达到的,但它是一个值得所有人追求的终点或高点——传统社会也的确通过从察举发展而来的科举,而给所有人,哪怕是来自贫寒家庭的子弟,提供了这样的机会。

这一"孝"的要求,既是要求自我对父母与先人尽义务,更是要求对自我尽义务,即不仅要好好保全自己的生命,还要努力发展自己的生命,从而光宗耀祖。如果说,对自己的要求是具有实质性甚至是物质性的话,那么,对先人的义务则主要是名义性的、精神性的。换言之,如果真的达到这所有的要求的话,实际的享有者还是孝子本人;当然,我们也可以说,虽然先人并不实际地享有这一切,但这也正是慈爱的先人所期望的,他们如果有知,将含笑于九泉。这样,"慈"与"孝"就结合起来了,这种结合就将形成无数条强固的生命的链条,从而为整个社会、民族和人类文明作出贡献。

所以，古人不仅将"孝"视作一种义务，也将"孝"作为一种信仰，作为一种根深蒂固的信念，如《孝经》所言，古人将"孝"视作"天经地义"："夫孝，天之经也，地之义也。"认为它是发自人的纯乎自然的天性："父子之道，天性也"，孝为"天地之经"，而"民是则之"。这里还有政治的力量加入，"先王见教之可以化民也"，所以教化以"孝"为先，"教民亲爱，莫善于孝。教民礼顺，莫善于悌。移风易俗，莫善于乐。安上治民，莫善于礼"。这样也就能够使"其教不肃而成，其政不严而治"，就能使"天下和平，灾害不生，祸乱不作"。

"立爱自亲始。"在古人看来，"不爱其亲而爱他人者，谓之悖德"。如果连自己的亲人也不爱、对自己的亲人的义务也不尽的话，也很难说他就能爱他人和全人类。或者说，一个人无论如何应该对自己所从出的父母和先祖保持某种敬意，保持某种尊崇之情。"礼者，敬而已矣。"古人的这种信仰是一种对连贯性的信仰，是一种使一个自我与前后的生命连接，尤其是与在前的生命连接，由此他获得的不仅是一种位置，而且意识到自己是连续的生命上的一环，不仅有对自己的义务，也有对先祖的义务；从另一方面还可以说，对自己的义务也将加强对祖先的义务，由此获得一种更强大的使命感，一种在认识此点之前所不知道的力量源泉。

五 尊师

一个孩子呱呱坠地，首先是父母亲人的抚育，然而，即便是再尽责的家庭教育也肯定是不够的，他还要走向社会，要广泛地寻找传道授业者，尤其在寻求系统知识和真理、进行事业训练的方面，更是如此。所以，求师也因此而尊师是十分重要的。这一"尊师"的传统也是中国历史文化中所特有的，它表明了人们对文化和教育的重视，以及对"师"这一职业的尊重。这种尊重曾经深深地渗透进中国的普通老百姓甚至那些自己没有机会认字读书的人的心中，并传承至今。一份收集民间故事的刊物就曾刊载，一位生活在穷乡僻壤的、目不识丁的老太太这样告诫她的孩子，你要从心底里尊重你的老师而不是尊重县长和官员，因为老师是真正每天教你一辈子都受用的东西的人，而县长根本不认识你，你见都见不到他。

中国的法家曾有过"以吏为师"的主张，但是，在儒家的影响下，中国在历史上还是基本保持了一种比较独立的"师道"传统，一种士大夫的传统，而"师道"的确立与"尊师"传统的形成是和儒家及其创始人孔子的名字联系在一起的。孔子作为后世推崇的"大成至圣先师"，或者用今天的话说，作为中国历史上第一位伟大的教育家和老师的典范，确立了"师道尊严"的传统。自然，"师道"首先本身要有尊严，即它不是依附于政治的，不是去为现实政治权力辩护和诠释的，而是独立地开辟出了一种合乎道义的、可以评判政治权力的"政道"和"学统"。而作为"师道"之体现的教师，也要努力为人师表，尽其"传道授业解惑"的职责。其次，社会也要努力造成一种尊师重道的风气，这甚至可以是政治上的一种要求。

孔子自己从"十五有志于学"开始，就是抱着一种谦虚的态度，自称只是"学而知之者"而非"生而知之者"，认为自己只是"述而不作"。他从小就善于从各个方面向各种人学习，"子入太庙每事问"，这是在庙堂，在其他地方也是一样。曾有人问孔子的学生子贡，孔子从哪些地方学了这么多东西，子贡回答说："文武之道，未堕于地，在人。贤者识其大者，不贤者识其小者，莫不有文武之道焉，夫子焉不学，而亦何常师之有！"而这种学习是离不开一种恭敬与开放的态度的，此正如孔子所言："三人行，必有我师。"这也就像后来韩愈在《师说》中所解释的："是故无贵无贱无长无少，道之所存，师之所存也。""圣人无常师。孔子师郯子、苌弘、师襄、老聃。郯子之徒，其贤不及孔子。……是故弟子不必不如师，师不必贤于弟子。闻道有先后，术业有专攻，如是而已。"

孔子成为一位学识渊博、思想深刻的学者之后，又率先在民间办学，使官学转向社会，实行"有教无类"，使普通人也有了受教育的机会。孔子首先做出了尊师重道的榜样，而他的众多学生也是恪守此一遗训。他们首先无比尊崇自己的老师夫子。有人说孔子的一个很聪明的学生子贡贤于仲尼，子贡回答说:"譬之宫墙。赐之墙也及肩,窥见室家之好。夫子之墙数仞,不得其门而入,不见宗庙之美,百官之富。得其门者或寡矣。夫子之云,不亦宜乎?"

这种"师道"在20世纪中国鼓吹阶级斗争的岁月里曾经遭到重创,知识分子阶层都成为"臭老九"。随着近年以经济发展为中心及人们价值观念的变迁,对"师道"的尊重还难说恢复到了传统社会的水平,而老师的成分也发生了变化。传统社会的教育重心可以说在下面,在乡村,在基础教育,但现在最优质的教育资源往往集中到了少数都市,乃至都市中的少数学校。

而为中国的文化发展和普及计,我们还是要特别尊重老师,也要一如古人一般特别重视教育——无论是从教者还是受教者。正如孔子所言"三人行,必有我师",我们的"尊师"还可引申为对任何一个可教我者和可垂范者的尊重,引申为我们对知识的尊重、对生活智慧的尊重,以及对艺术天才和科学创新者的欣赏与敬重。

正如前面所说,大多数人都有值得我们学习的方面,都有值得我们请教的地方。我们也需要平等地尊重各行各业,且在任何一个职业里,都有值得我们尊敬的翘楚。但是,值得人们尊敬和请教的,不是某一方面,而是整个人格、学识和创造力都值得崇敬和敬仰,而具有这样特质的人不会是一个多数,而是一个少数。我希望在一个趋于平等甚至平面的现代社会里,仍然保有这样一种对于卓越的敬意,对于高峰的敬意,对于创造力的敬意，因为正是这样一种创造力，引领着文明和文化的发展。

以上共有五条：敬天、亲地、怀国、孝亲、尊师。当然，并不是说这五条就能够囊括国人信仰的全部，也不是说一个中国人就必须具有这全部五条的信仰。只要是合理的，或者说不妨碍他人的信仰，不侵犯和压制他人的信仰，就都有存在的权利。即便是这五个方向的价值信仰，在不同的人那里，也会有不同的具体内容，不同的表达和组合方式，不同的地位或先后的次序。一个人也可能只是具有其中的几项甚至一项，或者只是在某一两个方向上突出，比如说某人在价值信仰上只是表现出一种强烈的超越信仰，只是一个虔诚的宗教徒，或者只是一个热烈的自然主义者、环保主义者、爱国主义者，或者主要是一个大孝子，一个崇尚美的艺术家，只要其信仰行为不伤害到他人，就都是可以的。

以上的五条，只是对中国社会可能出现也应当鼓励的价值信仰的主要倾向的一个概括，但这种概括还是具有很大的包容性，又有中国文化特点。它们是感情、理性、经验和信仰的综合。它们并不具体地告诉我们做什么或不做什么，并不直接地发出行为指令或禁令，却可能是一种我们安身立命之所在，并提供对社会伦理规范的信念，从而可能提供比单纯对义务的尊重以更大的支持、统摄和制裁力量。

第六章 新正名

最后我们要谈到"新伦理"的入手途径或者说当务之急。当子路问为政以何为先时,孔子回答说:"必也正名乎!"子路以为"迂"。孔子批评他说:"名不正则言不顺,言不顺则事不成",名不正则"民无所措手足",老百姓不知怎样办才好,"故君子名之必可言也,言之必可行也"。亦即所"名"——用今天的话说是主流意识形态、核心价值或者说"举什么旗"的问题——一定是可以说的,更是必须坚定不移地力行的。在必须以"信"贯穿,必须按正确的"名"以责实、以落实的意义上,社会的伦理教化又可以说是一种"名教"。"名教"实际上也成为传统"纲常"的另一个名称。在这个意义上,"新正名"也同样不仅仅是一个入手途径的问题,而是新的社会伦理之另一个名称,或者说是它的最具有直接实践性和社会教化性的部分。

但今天的社会中,却可以很明显地看到大量"名实不符""言行不一"的现象,看到大量既往的、过时的意识形态与现实的、丰富的社会生活脱节，上层建筑与经济基础脱节，政治形式与社会形式脱节的现象。正是这种种脱节影响到社会各个阶层的互信，尤其是上下的互信、官民的互信，造成了公信力的危机。它们甚至每天都在向我们提醒着某些已成习惯的不诚，这实际也是社会诚信状况不能得到根本改善的最深沉原因。当人们还在一些基本的社会政治活动中言不由衷，套话假话流行，如何能够期望诚信在其他方面的落实呢？当今社会的大患在名实不符，而究其实质，也就是一些过往的百年流行观念和宰制性的意识形态失去了指导性乃至正当性，从而使政府也失去了某些观念上的合理性，因而必须抛弃或至少有所区隔和分离。

我们要努力做到名实相符，言行一致，就需要进行名实之间的调整，这种调整大概会是双向的，也还需要一个过程。我们一方面要根据真实的情况剔除一些虚妄不实之"名"，增加一些真实之"名"，另一方面也要根据一些历史证明是正确之"名"来"循名责实"。但到底是以"以实定名"为主，还是"循名责实"为主？如果我们坚持"实事求是"原则的话，可能还是应当以前者为主。我们还有不少虚幻的"名"，虚伪的套话，尤其在一些正式的场合，而这些话可能连说的人自己也不相信。不过我们不在这里具体地讨论这些内容，而只是借鉴孔子的"正名说"，根据现实生活中重要和紧迫的问题，提出一种"新正名"，其核心的内容就是官官、民民、人人、物物。正如孔子所提的"正名"——"君君、臣臣、父父、子子",可以视作对"旧三纲"要义的强调和行动的直接呼吁一样,"官官、民民、人人、物物"也可视作对"新三纲"要义的强调与直接行动和教化的纲领。

一 官官

"官本位"大概是数千年中国社会唯一长盛不衰的体制和观念。虽然它在今天的中国表现得非常突出,但它并不是一个新事物。大概从大禹治水的时代起,能够集中调配大量资源、组织人力物力的政治,就成为社会的重心。无论是从西周到春秋的"血而优则仕",还是从西汉到晚清的"学而优则仕",虽然入仕的方式和资格不同,但能否入"仕",能否做"官",都是能否掌握其他如经济财富、社会地位和名望等资源的一个关键。

但是,中国传统社会的"官本位"和当代社会的"官本位"还是有些根本的不同:首先,传统社会的官员很少,在人口达到数亿的时候文官也才只有数万,政治权力的直接下达也并不深入乡村基层,往往是到县为止;其次,官员的质量也不一样,所有"正途"的官员,即官员的主体都是通过古代的选举制度——先是察举,后是科举——通过严格的、客观的、内容是强调德行文化的考察制度上来的,这样,在官员的入口上就避免了漫无章法、买官卖官的现象，也防止了政治权力这一社会"核心资源"的固化和世袭。另外，古代对官员也有一套监督监察的制度。正是为了继承和发扬这一古代传统，孙中山在西方的三权分立之外又加上了考试和监察两权的分立，主张五权宪法。

与古代相比，当代中国官员已增加至上千万之众，其中有些职位是现代国家功能所需，但也有许多职位是因人设事的闲职，单纯"吃皇粮"的。所以，今天的中国首先需要精简机构，减少官员数量，减轻社会负担。其次，古代中国选拔官员的制度应当说是相当完善的，即很适应传统社会的制度架构。而1949年后，官员的选拔方式则长期没有制度化，一度是根据某些个人意志和所谓"政治路线"，甚至是"政治运动出干部"。后来逐步建立了公务员的考试和组织的考察制度，但官员的升迁仍往往在相当程度上受上级，尤其是第一把手的意愿乃至好恶的影响。而近年来随着经济的发展，政治上可掌握的资源越来越多，人们更加艳羡并力图谋取官职，买官卖官就成为一种痼疾。而在监督和制衡官员权力方面，有些重要的制度也还没有建立起来或者没有得到真正的落实。官员名为"人民的公仆"，宗旨是要"全心全意为人民服务"，但这一高标却常常与不少官员连最基本的做人道德底线——还不只是官员的职业伦理——也在被突破的现实形成强烈的对照。这种连基本的道德底线也被突破的"失范"的官场现象，却由于社会上"官本位"的现实所带来的"示范"效应,对社会的道德状况造成了根本性的腐蚀。如果说老百姓每天都看到少数大权在握的官员说一套做一套,以权谋私,监守自盗,他们将会怎么想,怎么做?所以说,"官官"是一件紧迫和重要的事情,用时下的话来说,如果不抓紧反对权力腐败,执政者就可能"亡党亡国",失去自己的执政地位。而所谓"官官",首先是强调官员要像官员的样子,官员要履行自己的职业伦理。治国先要治吏,正民必先正官。"官本位"是中国数千年的顽症,但似以现在表现得最为严重。社会上羡官求官和骂官仇官的现象同时都很突出,这一方面说明官员现在掌握的权、钱、名的资源之大,另一方面也说明官员的德性与人们的期望落差之大。所以,官员的问责、官德和政治伦理的建设是当务之急。这自然需要政治制度的配合,而比较根本的解决办法大概还是要靠法治和民主,靠权、钱、名等各种价值的多元分流。

我们并不是说要否定这整个官员体制或者说科层体制,这种少数治理的体制可能不仅难免,而且也胜于一人专制或者多数暴政。我们还要肯定今天的共和制度,按其名义它是完全拒斥一个不管是形式上还是事实上的终身"君主"及其权力集团的"世袭"的,连最高领导人也是要纳入可以替换的"官员"的范畴。不仅社会,包括政界,都需要特别警惕和防止那种旨在攫取绝对权力、脱离法制轨道的个人野心,警惕一种将某一个人(第一把手)或某一部门(如公安部门)的权力绝对化的倾向。但一般来说，官员要履行其政治功能也一定是要掌握某种权力的，所以对官员必须"授权"，必须给予他们某种大于普通人的日常治理权力，也包括给予相应的其他方面的一些待遇，问题在于必须给这种权力也同时加上相称的责任和严格的限制。单纯说官员是"人民公仆""人民勤务员"是片面的，是容易误导的，甚至本身就有些名实不符，容易流于空言，不如具体落实到官员的职业伦理。这需要从制度和个人德性两方面去保证。

"官官"的含义最重要的也就是要落实"民为政纲"，即官员要为全民的利益和意愿来使用手中的权力。而在这方面，目前最突出和最广泛的问题是权力的腐败，即官员以权谋私，通过权钱交易、权名交易获取经济财富、社会名位等各种好处。而要真正有效地反腐败，自然需要多管齐下。总结一下各方面的经验，大致有六条途径：

1. 不能——通过严密的制衡和约束制度防范于前。

2. 不敢——通过严格的监督和检查制度惩罚于后。

3. 不必——给予合理相应的生活待遇，使之不必有物质的后顾之忧。

4. 不屑——提高文化的水平和生活的情操，有比较高雅的所好而不必斤斤于钱财。

5. 不忍——意识到所管钱财都是民脂民膏且民生不易，受道德心的约束而不去伸手。

6. 不欲——节制对权钱名的欲望而追求道德的精神境界与生活方式。

以上六条，第一、二条可以说主要是靠法，前者约束于前，后者惩戒于后；第三、四条主要是靠养，如果说第三条是外养之养身，第四条则是更重要的内养之养心；第五、六条则主要是靠德，"不忍"是靠充实和光大每一个人潜存但也容易放失的恻隐之心，而"不欲"则主要是靠长期训练的节制不当之欲的一种道德理性。至于以上诸条的性质和地位关系，则可以说，前三条主要是他律，是外在的限制，是要注重制度的建设；而后三条则是自律，是内在的限制，是要注重个人的修养。

在传统体制下，古代官员最强调的德性是"忠君"，虽然有忠于一般的政治秩序之意，但也有"愚忠"的流弊。现代官员不必忠于由个人来代表的政治秩序，但也必须忠于一般的政治秩序，忠于国家和职守。而现代官员也的确有需要向古代官员学习之处，尤其在个人德性修养和操守方面。古代的官箴强调清、慎、勤。"清"即本人并约束家人做到清廉，不贪腐。"慎"即慎重，不仅要慎重于决狱、刑法，即慎重于罚，也要慎重于赏，不滥施恩惠。贪官固然要谴责，酷吏和"滥好人"也不可取。"勤"则是要勤政，不该管的事情不乱管，但该管的事情则一定要管到底，乃至亲力而为。当然，戒贪是其中最起码的，且应防微杜渐，包括防止家人借权擅权。元代张养浩在《为政忠告》中告诫官员：要"禁家人侵渔"，"盖自为虽阖门恒淡泊，而安荣及子孙"。清代汪辉祖也在《佐治药言》中说："身自不俭，断不能范家。家之不俭，必至于累身。"而对他人和子民，则应当宽大为怀，张养浩特别强调这种人己之别："大抵律己当严，待人当恕，必欲人人同己，天下必无是理也。"而对弱势者，"鳏寡孤独，王政所先，圣人所深悯。其聚居之所，暇则亲莅之，或遣人省视，若衣粮，若药饵"。另外，古代官员由于多是读书应考上来的，所读之书又多是强调培养德性和"希圣希贤"之书，所以官场的氛围也是道德诗文的气氛甚浓，这有助于自我培养高尚的德性与情操。

当然，仅仅从个人德性修养上来正官是不够的，为了促进这种德性修养，必须借助于制度。如果从大多数官员或整个官员阶层来说，优先的更是要依靠制度来启动和推行，此后也要靠制度来巩固和坚持。我们在谈到反腐败时已经讲到了制度，而根本的制度一是靠法治，一是靠民主。我们从一些先进的国家和地区的经验可以看到，或是严格的法治，或是健全的民主，在反腐以至治官方面颇见成效。当然，最好是将法治与民主结合起来，走向经由法治的民主，达到落实法治的民主。

目前有一些政策是势在必行的，且应当考虑尽快实行的，比如官员的财产申报制度，这是斩断权钱之间不当联系的一个很重要的措施。一个官员不能既想当官，又想发财；既想掌握政治权力，又想富甲一方甚至天下。我们需要承认，人在政治能力方面的某些差异，甚至也承认和接受某些具有较高政治能力者的个人政治抱负，但这种抱负的施展能够约束在为人民造福的范围之内。我们不能允许一个人掌握了政治权力就能获取其他的一切，不能允许"赢者通吃"。虽然任何健全社会都不会要求普通老百姓来公布他们的个人财产——假设有这种要求，那将是对他们隐私的侵犯，但是，由于官员的政治权力必然要和经济财富等其他社会资源发生关联（自然也应当考虑缩小这种关联至最必要的范围之内），他们掌握的权力就包括掌管或影响某些资源的配置和流动的权力，所以，为防止"近水楼台先得月"，一定级别以上的官员公示财产是绝对必要的。当然，公示财产以及其他防范和惩罚措施，可以是逐步推进的，甚至划定某一时间线而有宽严之别，但一种"阳光法案"的推行是不能没有的。甚至这一"阳光"观念可以进一步扩展，即要让所有权力都在阳光下运行，任何涉及公共利益的权力都必须在公众的眼光下运行，都必须接受公众的监督，这样才能体现和落实"民为政纲"的基本政治原则。这不仅是为了防范贪腐，也是要防范官员的官僚主义，以及不作为、铺张浪费、错误决策等一切违背官员职业伦理的行为。

二 民民

"民民"的意思是民也要像民，这里主要是指像一个公民。

权利和义务都要落实到每个公民。每个公民都要勇于和善于维护自己的权利，但也要积极承担与公民权利相称的义务，担负起作为一个社会成员应当承担的责任。所以，民众也需不断提高自己作为公民的素质，这不仅需要观念的更新，也需要可以自发组织和自愿参加的各种社团的长期训练。

官员也出自人民，其中有许多还是出自下层的受苦人。虽然说不受限制的权力对任何人都是有腐蚀性的，但一个好的可供选择的社会人员的基础也仍然是重要的[1]。官员也会带有他所在社会人民的一些特点，甚至将这些特点更突出地展现。常有人言："有什么样的人民，就有什么样的政府。"如果说这用来解释"自往至今"的现实于我们是一种自责，那么今后我们还可以再努力，也必须再努力。有勇敢、独立、自强、自立的人们，自然也就会有绝不敢剥夺人们基本自由权利的政府。我们希望成为这样的人，这样的民族，而对此就不宜再期望强权政治。共和已经百年，如果我们只是激愤于专制或威权而毫无自省，岂不哀哉？这种"民民"的要求是需要落实到每一个人的身上的。梁启超在《新民说》第二节"论新民为今日中国第一急务"中言："我责人，人亦责我，我望人，人亦望我，是四万万人，遂互消于相责相望之中，而国将谁与立也？新民云

---

[1] 如梁启超言："政府何自成？官吏何自出？斯岂非来自民间者耶？……以若是之民，得若是之政府官吏，正所谓种瓜得瓜，种豆得豆，其又奚尤？"见《新民说》第二节"论新民为今日中国第一急务"。

者，非新者一人，而新之者又一人也，则在吾民之各自新而已。孟子曰：'子力行之，亦以新子之国。'自新之谓也，新民之谓也。"故此，我们勿轻言"解放"，除非是自我解放，这才是真正的解放。自由必须是"由自"，即是由自己生发出来的主动行为。

自由也是一种自律，甚至首先是一种自律。我们这里谈论的不是别的自由，不是哲学的自由，与各种决定论相对而言的意志自由，而是社会的自由，因为我们讨论的一直都是一种社会伦理，即旨在"合群"的伦理。这种自由也就是行为不受束缚的自由，但要在全社会实现这样的自由，就需要社会上的每一个人享有这样的自由的同时，也不侵犯他人的同等自由，即也让别人享有同样的行为自由。这就需要自律，就需要尊重和遵守普遍地保障所有人平等自由的法律。而个人普遍尊重这种法律，既是保障他人的自由，也是维护自己的自由。

中国近代的先贤常感叹中国的民众一方面是"一盘散沙"，另一方面又是"一堆干柴"，可能一点就着，倏忽间燃成席卷大地的烈火。或者说民众像"水"，有时很柔顺，但也有狂暴的时候，"水能载舟，亦能覆舟"。但是，在现代共和的体制下，民众的确既不应是"臣民""顺民"，也不宜是"暴民""乱民"，而应当是"国民"和"公民"。一切权力和利益的调节，包括冲突的解决，最好都在法律的框架内解决，这对社会和人民的损害最小。公民要尊重法律、遵守法律、维护法律、捍卫法律，包括争取能够体现和保障公民权利的法律，争取不论何种权力职位身份的人在法律面前一律平等的法治。

所以，公民必须接受与自由权利相称的法律约束，必须遵守与公民权利相称的公民义务，公民必须有公德。当然，公德的培养不仅需要每个公民个人的努力，也需要制度的配合。所以，在另一方面又可以说："有什么样的政府，也就会有什么样的人民。"政府与人民、国家与社会其实是处在一种互动的关系之中。中国在一向突出政治的老传统和新传统的影响下，政治到目前也还是最直接、最有力的一个杠杆。在这方面，政府就需要率先遵法，官员就需要率先守法，真正落实规定了公民各项基本自由权利与义务的宪法和其他法律，即实行法治。从培养新的公民道德着眼，我以为目前开放与保障公民的结社自由，或还应比开放和保障公民的言论自由更为优先。公民自由和权利的观念启蒙固然十分重要，但在今天互联网等各种媒体发展的情况下，也鉴于新的思想启蒙所达到的地步，真正地放开公民成立各种非政府的民间组织就变得更为重要和紧迫了，因为公德的培养必须有实际组织的训练，也必须有一个成长过程。如果在这一过程中，公民能够广泛地在各种公民组织的活动中得到纪律、权责、选举等各方面的训练，则能由"小群"之组织而悟"大群"（国家）之组织，通过各种公民组织的训练，团体生活的训练，地方自治的训练，从而稳步地进至全社会的法治民主。另外，我们强调公民守法，除了要争取良法，也要注意摈弃苛法，即所制定的法律应该是多数人不难做到的，而且法律一旦制定，就要真正将其贯彻落实，违法必究，执法必严。否则，制定的法律有可能会是大家实际都不遵行的，这将大大伤害法律的尊严，这种伤害还不仅在于让具体法律成为空言，更重要的是会伤害人们对法治的信心，所以，制定法律必须非常慎重，而一旦成为法律，则应该坚决贯彻实行。

我们这里特别强调公德，但私德和公德又不可分离，比如说诚信的要求，既可以说是公德，又可以说是私德，其划分主要是看其应用在公共领域还是私人生活领域，而它们作为一种德性是共同的。一个人努力培养私德具有一种植本的作用，公德对他来说只是"善推"而已，即扩大道德调节的范围。两者之间自然也可能有冲突，但那属于"权"而非"经"的范畴。另外，公民也要善尽诸如互相援助一类的自然义务。不过，对公民来说，我们也许需要特别强调和推崇像独立、自主、自尊、自治、国家思想、公共观念这样一些更多地用于公共生活领域的思想品质和德性。

三 人人

如果说前面的"官官"和"民民"都是以第一字为主语，第二字为谓语动词，是讲"官要像官""民要像民"，主要是涉及个人伦理的话，那么，后面我们要讲的两个正名"人人"和

"物物"则是以第一字为动词,第二字为宾语,是讲要"把人当人看""把物当物看",主要是涉及制度伦理,即这里的主体是指制度,指社会或者说所有的人。

所谓"人其人",就是要以合乎人性的方式对待每一个人,以合乎人道的方式对待每一个人,把人当人看。不欺凌和侮辱任何一个人,让所有人都过上符合人的身份的、比较体面的生活。为此,要优先关怀弱势群体,同时鼓励优秀、卓越和创新人才,使"人尽其才"。

所谓"要以合乎人性的方式对待人"是涉及事实。人事实上是一种有限的存在,即人有它脆弱的地方,如人有肉体,必须供养才能生存;肉体有其脆弱性,一块瓦砾,一滴毒汁都有可能致其死亡。人也需要安全,需要物质生存资料。而要得到和保有这些,每个人,无论他多么强悍和聪明,都有求于他人,有求于社会。而社会也还会有鳏寡孤独,他们没有谋生能力,但他们都是我们的同类,都是我们的同胞,我们不能放任其死亡,而必须援助他们,让他们也能好好地生活,也就是说,在这个意义上,那些尚不具有或已经失去劳动能力的人也应能够"得食",我们要使所有人都能"免于饥饿"和"免于恐惧"。"要以合乎人性的方式对待人",还意味着要认识到人或至少大多数人道德上的有限性,我们不能要求他们都做圣人,不能试图剪裁他们,将他们改造为符合我们对人的理念的那种人。我们更不能为此消除那些被认为改造不了的人,或者强制剩下的人进行改造，那恰恰是对人犯下了大罪。

所谓"要以合乎人道的方式对待人"涉及价值。人有理性，甚至可以说有灵性，有灵魂，对生活能够有长远的以至一生的计划，也有正义感，或正因此，人也就有了自己的尊严。所以，对任何人都不可侮辱，甚至对那些犯有罪行的人，社会可以惩罚他，却不能凌辱他。另外，对所有人，也不是说能够让他们活下去就够了，让他们有温饱就够了，而是应该让他们有人之为人、符合人的身份的体面的生活，这就不仅要考虑比较充裕和丰富的生活资料，还要考虑有比较丰富的文化生活。人不仅是一种动物性的生存，还要有一种人之为人的生存。而这些又不是要由社会或政府来包办，而是要由政府和社会来创造前提条件，提供一个合理而广阔的平台，让每一个人都能自主地选择那些能够丰富自己的物质生活和灵性生活的形式，让每一个人都能追求自己所理解的、不会妨碍他人追求幸福的同等权利的幸福。

这里我们要特别注意两点：一是分配的善意，一是司法的公正。我们的政治社会不仅要关怀和照管那些没有劳动能力的鳏寡孤独，还要关怀和补贴那些劳动能力较弱的人，他们可能在完全自发的市场体系中处于相当困难的境地，而仅仅靠民间的慈善事业来改善他们的处境可能是不够的，政府有必要通过税收等手段作出必要的调节和再分配，对他们给予适当的贴补，让他们也有较好的生活水平和发展机会。当然这种再分配的理由是"应给"而非"应得",即不是那种要求"剥夺剥夺者"的应得,而是说社会应当关怀和给予他们,因为我们所有的人都是同类,所有处在一个政治社会中的人都是同胞,且整个社会应该是一个合作体系,即便弱势者也作出了对社会不可或缺的贡献,拥有不可或缺的地位和作用。这样,这种关怀就体现出一种不仅是个人的,也是制度的善意和同胞之情。

司法的公正,这一点在今天的中国甚至可能超过了分配的善意而变得更为重要、紧迫了。虽然近些年的经济飞跃发展,国力大大增长,如果政府真正重视的话,在经济生活中关怀弱势的问题也许已不难解决,其对象也比较容易判断。但由于法律制度还不健全或者不够落实,尤其是法律的统治还未真正确立,司法制度还强烈地受到权力者个人和组织的影响,而沿袭的"信访制度"又常常难以解决问题,所以,当人们受到不公平的待遇甚至横暴的欺凌,或者陷入冤案,就有可能得不到公正司法和及时解决。而这样的事情有可能对任何人发生,不仅可能对能力较弱的人发生,也可能对能力较强的人发生;不仅可能对本来的弱者发生,也可能对本来的强者发生。而如果社会上存在着这样的"哀苦无告者",存在着这样的对司法乃至对整个社会的绝望者,不仅对他们本人是很大的不公,对社会也是一个不稳定的因素。所以,司法的渠道应当畅通,程序应当公开透明,判决应当公正。而为达到这种司法公正,就必须保证司法独立于其他权力。这也是保证其他权力能够在所属的领域里恰当地运行,不必让所有的愤怒都指向一元的政府,或者所有的期望都寄予一元的政府。今天的执政者应当充分地认识到人们对司法公正的诉求在倒逼着司法必须改革。

社会还应当承认人的各种差异性,鼓励人追求优秀和卓越,尤其是鼓励和帮助年轻人发展和发挥自己的特殊才能,实现自己的生活理想和事业抱负。政治的才能不应当压制其他的才能,何况许多身居于要职的人还不是凭能力或贡献得到职位的。我们要努力防止利益的固化乃至隐性的世袭,实现在机会面前的人人平等,这也包括政治机会。我们也许可以考虑,从昔日"君主下的贤贤"走向今日"民主下的贤贤"。

当然,无论人追求怎样的理想,"人人"的底线绝不可忘记,这就是那些基于生命原则的道德义务,即不可杀害、不可盗劫、不可欺诈、不可性侵。不可将人仅看作手段,而必须视作目的。

四 物物

所谓"物物"或者说"物其物",也就是把物当物看,不扩大也不缩小,让物就是它本来的样子。没有"物"是万万不能的,但"物"也不是万能的,仅仅有"物"甚至是人的悲剧。人类也好,个人也好,没有一定的物质条件或基础,是不可能生存和发展的,但是,如果只是追求物质的东西,使自己基本停留在"物"的水平上，就不能显现人的特性了。庄子说："物物而不物于物，则胡可得而累邪？此神农、黄帝之法则也。"[1]也就是说，人要恰如其分地看待外物，恰如其分地处理自己的物欲，不要为物所役，不做物质的奴隶，而是做其主人，这样才不会为物所累，这样的规则也才是人类最古老的自然法则。

人是同时居于多种层次的存在者。人是有意识、理性和文字、技术工具的人；人是有感觉和能行动的动物；人是具有生命的生物；人的身体是符合那些物理和化学的运动规律的"物质"。当然，这些在人那里又是结合在一起的，使人可以成为道德的主体，同时也是其他存在的"道德代理人"。人也就需要在各个层次上把握自己，善待其他不同层面上的存在物。例如对待动物，应当努力保全各个物种，挽救濒危动物，尤其要反对滥杀滥捕、野蛮虐待动物；对待其他存在物，应当尽量不去干预和改变它们的正常状态；等等。总之，人应当努力维护"生生不息"的原则。

而要做到这些，人类就必须克制自己的物质欲望。如果物欲膨胀，无休无止地向自然索取甚至榨取，且不说可供人类使用的资源有限，还必然要破坏事物本来的秩序，破坏生态环境。人要反复问自己这样一个问题：我们对物质的欲求要多少

---

[1] 《庄子·知北游》。

算够？也许，如果能够尽量安排好我们的社会，安排好人与人的关系，即便我们少占有一些物质，也会幸福许多。为此，我们现在的生活方式要有所改变，在这方面，中国古代的先贤，例如道家，也许能给我们许多有益的启发。总之，我们要让物就是物本来的样子，就需节制物欲，使"物尽其用"，不暴殄天物，不虐待动物，不破坏环境，不污染生态。

当然，还有许多具体的"正名"，比如说职业伦理：一旦做一件事情，就要尽责地做好，在一个岗位就要承担一个岗位的责任。社会要尽力地安排人们"各得其所"，而个人也要努力地"各尽所能"。一个人可以努力地选择自己最合适、最擅长或最有兴趣的工作，社会也要容有自由流动，并努力创造条件让人找到自己满意的工作。

结语

以上"新三纲"是讲道德的原则规范,"新五常"是讲社会的五种伦理关系和个人德性,"新信仰"是讲价值信仰,"新正名"是讲入手途径和纲常核心。其中信仰可以说最高远,纲常是中坚,而正名最紧迫。

以上所述都还具有形式化的一些特点,其内容也不可能完全具体地展开,有待于进一步解释。但另一方面,它们作为伦理的原则("经"),也不可能不具有一些形式化的特点,如此也才能普遍化并留够自由"权量"的空间。

20世纪初,梁启超陆续在《新民丛报》发表《新民说》的连载文章。梁启超认为,"道德之立,所以利群也",而作为一种旨在"合群"的社会伦理,"非数千年前之古人所能立一定格式以范围天下万世者也"。而"吾辈生于此群,生于此群之今日,宜纵观宇内之大势,静察吾族之所宜,而发明一种新道德,以求所以固吾群、善吾群、进吾群之道。未可以前王先哲所罕言者,遂以自画而不敢进也。知有公德,而新道德出焉矣，而新民出焉矣"。这里说"发明"或过于强调其"新"，而后来梁启超又有调整，在《论私德》一文中，又重新强调"吾祖宗遗传固有之旧道德"。

作为一位固守传统文化的前清遗民，梁济在投水自尽前，对新的共和国国民有一种殷切的期望，他说，自己愿"以诚实之心对已往之国"，望世人亦"以诚实之心对方来之国"。故其死"非仅眷恋旧也，并将呼唤起新也；唤新国之人尚正义而贱诡谋"。正是立足于道义，梁先生一方面对新时代完全否定过去的伦理纲常表示不满，认为"我旧说以忠孝节义范束全国之人心，一切法度纪纲，经数千年圣哲所创垂，岂竟毫无可贵？"另一方面，又对民国以来的社会道德和政治状况表示忧虑和痛心，说："今吾国人憧憧往来，虚诈惝恍，除希望侥幸便宜外，无所用心，欲求对于职事以静心真理行之者，渺不可得。此不独为道德之害，即万事可决其无效也。夫所谓万事者，即官吏军兵士农工商，凡百皆是。必万事各各有效，而后国势坚固不摇。"他说他最后的愿望是："我愿世界人各各尊重其当行之事。我为清朝遗臣，故效忠于清，以表示有联锁巩固之情；亦犹民国之人，对于民国职事，各各有联锁巩固之情。此以国性救国势之说也。"

一百年过去，我们是否敢说我们满足了这一期望呢？而展望新的世纪，我们今后是否能够做得好一些呢？

百年巨变，百年重整；百年废弛，百年复兴。

是所望焉。

附录

寻求极端之间的中道与厚道
—— 答《南方人物周刊》

问：自"五四"后，"三纲五常"是一个很容易令人联想到腐朽、封建、压迫的名词。在谈重建中国伦理道德的时候，用"新纲常"这个词，有没有特别的用意？

答：我想首先可以给"纲常"正名，它被泼了很多污水，被污名化，应该到洗清的时候了。任何一个社会都会有"纲常"，西方人可能叫"道德根基"或"道德原则"，所以我特意用了"纲常"，就是为了给"纲常"正名。

"纲常"，其实就是道德的一些基本原则，它首先是社会伦理，是要求社会上所有人在某种程度上履行的规范。在任何时代，没有这种道德的基本要求，一个社会都不可能维系。包括陈寅恪在内都认为，"纲常"是中国文化的一个基本定义。

一些朋友说，你应该完全站在儒家的立场上来发扬；还有的朋友说，我知道你的用意是探讨社会的道德根基，但是不要用"纲常"这个字眼，这个字眼已经被污名化了。

我觉得，这个词至少是可以看成中性的，是可以正常地被使用的。它有历史价值,历史上维系了中华民族几千年;它也有现实意义,任何社会必须有一些大纲大常。你把这个东西扔掉了,没有这些约束,会带来很多灾难。20世纪的教训也是如此。

问:把您归到新儒家,可以这么算吗?

答:最近我还写了一篇文章,关于严复的,提出要小心口号式的误读以及标签式的定位,因为我是在寻求共识。我现在考虑的不是我站在什么立场上,不必有太明显的标签。以前我说"推陈出新",其实,更确切的是"返本开新",要返到它的原本,然后推出新的原则。

所以,我试图在传统和现代之间连接起价值的桥梁。从这个意义上说,我觉得很难说我是某一家、某一派。我致力于寻求共识。对维系一个社会来说,伦理的基本共识是非常重要的,不管是哪家哪派,只是叫法不一样。

有的说社会底线、道德底线、底线伦理,有的说社会共识,或者说最低共识,包括最近的一个宣言——"牛津共识",都是不断地寻求这种共识的呼声和努力。

当然我的偏向性肯定也有。我偏向于依托传统文化,既借助传统,同时也面向现代社会,努力在中间寻找一条"中道"。

问:从"五四"开始,中国社会的传统"文脉"已断,儒家的影响力式微了。从传统伦理中提取"新纲常"的概念,真能够为道德重建提供思想资源吗?

答:知识分子要尽言责,应该把研究或思考中认为正确的东西说出来,而不是去太多考虑是否能马上起作用。我当然希望它能被比较多的人关注或者讨论,但这要有一个过程。也可能就被淹没了,也可能换成另一种提法,都有可能。但是,在各种各样合理的探讨中,我是力求把握住一些共同的东西。

另外,思想是不怕式微、不怕边缘的,只要有文字留下来,你很难设想它在某个时候兴起。孟子一百多年后读到孔子的著作,他忽然兴起,对孔子的思想进一步发展。儒家在春秋战国时代也式微了很多年,儒家的弟子像李斯都从儒家出走转到法家去了,又加上秦朝的"焚书坑儒",一度相当的边缘化。但到了西汉,又重新兴起了。

思想者不像从事政治或商业的人,当世不成功就永远不成功。即便是含有真理的思想,它发挥作用也需要时间和中介,还有机会。如果它发生作用了,功不在我,我觉得也挺好的。遗憾的是等到大灾难之后,大家才认识到一些基本道德原则的必要性,但已经付出了惨痛的代价,这比较悲哀。

问:"民为政纲"被您列为新三纲之首。官方话语中,使用最频繁的一个名词就是"人民",一旦说"人民",就具有某种岿然不动的"合法性"。然而,您特别提出要对这个"民"

有所区分。

答：在"民为政纲"中，我是对"人民"有仔细的分析的，不太用笼统的"人民"。所谓"民为政纲"，主要是说制度和官员要"以民为纲"。且公权只能为公众服务，必须是公开、公正地履行。但官员确实同时也属于"民"，他除了政治家的责任，也必须履行公民的义务。官员的队伍也应该是流动的。

之所以特别强调对官员的约束，因为他有权力，他在制度中很突出，人与人的权力等级是不一样的，他批个字就能够影响到很大的资源，可能影响到全省甚至全国。所以我们就要特别小心和警惕这种权力，要采取严格的制度措施防范公权私用和滥用。

问：您怎么理解我们日常话语中的"人民"？

答：我觉得谁也不能凭空代表人民，至少要经过一定的合法程序。为了防止笼统地说"人民"可能带来的危险，还不如说"公民"，甚至说"利益群体"比较好些，要兼顾和平衡各个利益群体的利益，兼顾体力劳动者、脑力劳动者，或者工人、农民、知识分子和官员。

问：您在新正名里提到了"官官"之说。然而道德伦理是很柔性的东西，让官员进行自我道德约束，会不会太天真？

答：这里有一个误区，就是什么是道德。我们现在把道德的概念都等同于个人道德,但那是传统的道德范畴。我说的道德伦理,首先一定是制度伦理,就是说制度的正义性,制度怎么去约束人——首先是权力者,这种约束必须是硬性的、强制的。这就是制度,制度最起作用。比如官员要提拔到重要岗位,就必须先公布财产,这是大势所趋,全世界都走这一条路。这是制度,不是简单的法律政治措施,后面有道德的含义。

制度伦理的要求是,你若掌握一定权力,就必须承担一定的责任和义务。为什么没有哪个国家要求老百姓公布财产?你去公布,就是侵犯别人的隐私。也没有哪个国家要求商人公布个人财产,但要监督公司财务活动不违规。为什么独独要求官员公布呢?因为他掌握公共资源,这就是道德上的一个要求。你要么选择不做官,只要进入官场,就不能想着既当官又发财,甚至为了发财来做官。权、钱、名要分流。

问:很多知识分子一直是鼓吹制度的,比如民主和法治。您比较强调道德重建,那么,在中国的现实中,制度变革和道德重建有什么关联?

答:我觉得制度重建、社会重建、道德重建,其实基本是重合的。拿罗尔斯的《正义论》为例,他的两条正义原则(平等自由原则,机会的公正平等与差别原则)都必须体现在制度上,尤其是在社会的基本结构上。这表现为法律制度,也是一个道德要求,现代社会以来,所有文明国家的宪法都会保障所有公民的基本权利。所以,这是一个普遍的政治制度概念,也是普遍的道德要求,是制度又是道德。

有一些观点认为,只要建立了某种制度,好像一切都会好,有一种"制度万能"。制度不是万能的,国民性和素质摆在这儿。制度的建立以及维护也是靠人的,如果人的素质真的不够,是不一定能够建立起来的,甚至建立起来也不一定能够得到很好的维护,甚至变质,完全变成另外一副模样。这个后果更糟。

因此除了制度,也要重视人。所以,一方面我强调制度的伦理,但是另一方面我仍然强调个人的道德,推崇个人的道德。

问:您在前言中谈到,道德性是政治合法性的依据。这该如何把握?

答:其实,"政治合法性"在某种意义就是"道德合法性","合法"是指合乎某一种自然法。自然法其实就是道德含义的法,就是我们所说的"天经地义"——是不是尊重人、平等对待人等这一些具体的法律制度,甚至是宪法背后更为根本的道德法和自然法。所以我们说"政治合法性"好像是一个政治学的概念,其实这是一个伦理学的概念。

当然,是不是合乎正义,也会考虑其他一些要件,比如说效率、稳定。但是，稳定后面其实还是道德，因为社会稳定，就不至于出现大规模的流血冲突，这是道德原则最基本的要求。法律的背后都是有道德的含义。

问：这些年来，政府也一直在谈道德伦理建设，但效果好像并不太明显。

答：为什么呢？因为不尊重道德的独立性，把政治话语、意识形态的话语和道德混合甚至捆绑在一起，道德没有真正在社会中生根。道德比政治更永久。中国几千年来，政权变化，王朝更迭，"三纲五常"没有变，一直都是这样。直到现在社会大变，它才不得不推陈出新了。

问：把"民为政纲"列为三纲的首位，是不是也有您的迫切感在里面？

答：对，这是最迫切的，也是最需要解决的。另外，它是启动（道德重建）一个最好的着力点。比如说道德问题，哪怕我们说制度伦理，制度伦理首先就是制度。官员处在社会的上层，他们的道德水平如何，很大程度上影响着社会上其他人的道德水平。

无论从制度伦理还是个人道德来说，"民为政纲"都是最需优先考虑的，可能不像说"义为人纲"那么普遍广泛，但是它最突出，也可以说是广义的"义为人纲"的一部分。

问：同样是社会变革，在一些国家以很温和的方式进行，譬如英国的"光荣革命"；有些国家就以暴力的方式进行，法国是动荡的大革命，俄国是更加激烈的社会革命。若从伦理的角度，怎么看待社会变革的路径？

答：暴风骤雨式的革命会不由分说地把大多数人卷入其中，有一种"裹挟"，不光是把一些无辜者变成受害者，也把一些普通人变成加害者，造成双重悲剧。我觉得，无论英国、美国、法国、中国，从传统到现代的转变都是一种大势所趋。但采取什么方式或手段，这个应有伦理的考量，或至少有事后的道德评价。

从伦理的角度看，哪怕时间长一点，慢一点，但是方式和手段缓和、平和一些，不去强制，而暴风骤雨式的革命总意味着某种强制，甚至意味着有时候在肉体上消灭一些人，这是悲哀的。

为什么我会把生命原则提到首位？不管新的生活方式是不是比传统更好，哪怕我承认更好，你也不能够采取强制，尤其是对一些已经习惯了传统或者旧生活方式的人，你也不能轻易地强制他们改变。你看电影《再见，列宁》，老人已经习惯了崇拜领袖，你怎么办？你不能强行扭转她，甚至要欺瞒她，让她度过最后的平静日子。所以，对"全盘打破"也不能采取"全盘打破"的方式。

问：手段的正当性甚于目标的重要性？

答：对，伦理学是很重视手段或者说行为的，目标是第二位的，第一位是手段，就是你抱有什么样的目的，你的手段一定要正当。急于求成者往往会采取一些很激烈的、强制的、暴力的，甚至欺诈的手段。

我觉得好的方式，首先防止了直接的伤害，万一目标错误，最多伤害自己，就像甘地用绝食反抗不公。其次，好的方式、手段往往带来好的结果，也是真正好的目标。手段和目标必须完整，不光求好的目标，还要求好的手段。好的方式、手段才能够使好的目标真正成功。

问：不择手段的话，目标也会走样？

答：是，目标也会异化。以暴易暴，经常会带来反弹，一个社会就老处在动荡中。所以，为什么我说要让比较温和而坚定的态度成为主流，不是冤冤相报，而是"仇必和而解"。

我对中国的一些自由主义者也有含蓄的批评，他们有时候太不宽容了，甚至把一些本来应该是朋友的人推到了对立面。宽容应该是自由主义者首要的美德，宽容就是让别人自由，哪怕对方和你不太一样，也许没有你这么彻底、这么单纯，但你不能强制他，不能去攻击、批判，应该有比较宽广的胸怀、比较宽容的态度。

问：你特别强调"纲常千万年不得磨灭"。

答：传统社会的个人道德和现代的公民道德有相通的地方，它要求的素质和公民素质有相通的地方，洁身自好也好，关心他人也好。

比如，孙中山的"五权分立"，选举和监督两权就是从中国传统中来的。传统社会比较讲究温文有礼，而我们经过百年斗争哲学的洗礼，看什么都是阴谋和危机，要想方设法地战胜或吃掉对方。到现在还看到这种强大话语的影响，无论是哪一派，左派表现得更激烈，自由主义者也不宽容，这都是问题。孔子是讲宽容的，儒家是最不像意识形态的一种意识形态，它比较宽容。

问：鲁迅有一句话，常常被今天的人们引用——"不惮以最坏的恶意揣测中国人"。

答：是有些人爱揣测动机，而且是从尽量坏的方面揣测。别人其实没那么坏。我最近有一句话叫"盯紧坏事，慎说坏人"。别人做了坏事，说谎、打人什么的，我觉得要盯紧，尤其官员的贪污腐败这些行为要盯紧。但是，对人要慎重评价。且不要轻易牵涉动机，动机是很复杂的，一个人的人格更难一下全盘论定。

问：在改变个人的道德伦理上，宗教信仰是最强大的力量。借用宗教的话语,灵魂实现了"救赎""重生"。在道德重建时,该怎样安放宗教信仰呢?

答:让它们自然而然地起作用,不要压制各种宗教。它是自然而然地生长,你不应当"神道设教",也已经不可能借助政治权力去推行某一种信仰或者是宗教,一定要借助人们心灵的一种自愿。

我觉得,传统和宗教是中国近现代以来知识分子的两个弱项,可能因此导致完美主义、激进主义,追求人间天堂,是乌托邦和激进主义的根源。他们对传统和宗教不够了解,甚至持相当排斥和敌对的态度,这是造成激进主义的原因。

问:在《道德·上帝与人》里,读到您对基督教信仰、善和美的理解与亲近。中国传统读书人说"安身立命",您的"人生基本问题"获得解答了没有?

答:这个要有一种缘分。但我无论如何不会居高临下地看待宗教,而宁可说是仰望。说仰望,首先是因为其中有一种美的、感人的、神圣的东西。我以前写过,教堂的钟声是最美的钟声,在夕阳中,在旷野上听到那钟声,让人产生一种超越存在的感觉。我觉得有一种超越的存在,还有一种冥冥中的敬畏。人有他的知识局限,也有一些可能是超越他的认知能力。我不能强不知以为知,认为我一定能知道这个神秘,但我对它有一种尊敬。

但你说的"洗涤",包括"忏悔""救赎",我都觉得太强势了。宗教主要是自己的事,是内心的事。你如果感到不安,就去寻找,首先是自我的寻找。现在有些人动不动要求别人忏悔。陈毅的儿子陈小鲁对"文革"进行忏悔,马上有人提出:你还忏悔得不够吧?我觉得这太过分了。

总之,我认为我们立身处事的道德信念是应当坚定的,但对人的态度和行为是应当与人为善和正当温和的。我们要寻求各种极端之间的中道和厚道。

问:您的新纲常是把"性本善"作为前提吗?

答:你可能有一个误读,不完全是。可能是同时寄予人性的善和恶。为什么要有纲常?纲常是约束人的,我们要寻求某种约束,不是说按照我们的本心就能够是一个好人。连孔子都说自己到七十岁才"从心所欲,不逾矩",这个"矩"就是规矩,就是约束人的纲常、规则,一个大家认可的"共识"。

当然,外在约束本质上是自我的约束,是律,但是自律。自我律法,就是人需要一方面"意志自由",一方面"意志自律",用普遍律法来约束自己。

与其说立足于人的善,不如说立足于人的"向善心","向善心"比"向恶心"要高出一点。

问:传统儒家是把责任和义务放在首位的,您的新纲常也仍旧把责任和义务放首位吗？

答：我为什么不那么过多地强调权利？我们讲权利，实际更多是讲政府的义务和责任，但是，另一方面不可偏废的还有公民的义务。你应该尊重所有人的权利，这是讲义务，无论是政府的义务，还是我个人对他人的义务。

我觉得用"义（为人纲）"可以把两者统一起来，而且不易发生偏差，因为如果仅仅讲权利的话，可能会过分强调自我的权利。我不会把伦理体系首先建立在权利之上。

问：可不可以这么说，您的道德重建的体系，是对现在流行的"权利话语"的一种补充呢？

答：我觉得至少从伦理学上，这些算是基础。你有你的权利意识，但我也有我的权利，都不能够轻易受到侵犯。正因为如此，我要尊重别人的权利，与此同时，要求政府履行它的义务，尊重所有人的权利。

重建转型中国的道德基石
——答《南方周末》

问：现代人普遍接受的是"权利话语"。很多人认为，纲常名教是贬义词，跟专制、压抑等联系在一起。比如君为臣纲、父为子纲、夫为妻纲等。为什么用"纲常"作为思考的中心？

答：这里确实有"百年误解"，动辄说"礼教杀人"，而没理解到纲常也可能是维系社会方舟的巨缆。社会需要一些非常底线的原则或"基石"。比如，在传统社会，有尊尊、亲亲、贤贤的原则，有生命原则、保民爱民的原则等。能践行这些原则，就会治，否则就会乱。

在当今的政治社会和日常生活领域，我们也需要确立一些基本的道德原则。这些原则与传统的"三纲"有很多区别，但也有不变的内容。例如，不一定从儒学中能直接推理和引申出来民主，但完全可以相容。

旧纲常可以调整到新纲常，有常有变。常，比如生命至上；变，比如平等。而且，常更根本。

问：这些新的基本道德原则是什么？

答：其一，民为政纲，重新定义国民与政治权力之间的关系，治理者要对民众负责，且这种问责不仅是民生的，还应是民主的。

其二，义为人纲，即把人当人看，把不可杀害、不可盗劫、不可欺诈、不可性侵等原则规范作为所有人的基本义务原则。

其三，生为物纲，即努力保障所有物种的共生共存。

此外，还可以从关系着眼，处理好天人、族群、群己、人我、亲友之间的关系，等等。

问：把"生为物纲"列为新三纲之一，是否提得太高了？

答：我看过诸如复活节岛的例子，最早是波利尼西亚人发现那个岛，像天堂一样，过了几百年，没有一棵树，没有鸟了，为什么？生态破坏了。这也是一个灾难，如果说整个地球都像这样一个状况，那也要完蛋。这是世界的问题，必须提到基本道德原则的水平。

问：生为物纲意味着把物恰如其分地当物，而不是像现在这样，竭尽全力地榨取自然。但怎么才能做到这一点？

答：是挺难，有些人比较绝望。平等是现代人追求的，但它和保护生态也是现代社会的一个大矛盾。平等的社会意味着什么？所有价值观都是允许的、合理的，但大多数人的追求往往偏物质，艺术家、科学家、政治领袖是少数。过去托洛茨基设想，新的社会，每个人都能达到歌德、但丁、达芬奇的水平，但这不可能。在一个平等社会，各国都以经济建设为中心，大多数老百姓还是最关心经济。

物欲膨胀的结果就是破坏生态。多少算够？过去青山绿水靠什么保证？物质生活水平低。儒家讲节欲，道家更明显，机器最好不用，会有机心。但平等社会不一样，看起来多元，其实也可能很一元，即大家都奔物质。

问：民为政纲指向民主政治。蒋庆提出，王道政治要有超验的、历史文化的、人民同意的三重合法性，从可操作性来说，似乎是一个乌托邦，而且跟现代社会个体主义式的自主性与政治趋势有背离。您怎么看？

答：这也是有意义的构想，是有某种现实意义的乌托邦，看起来实现不了，但反映了天人之间和人性之中的某种真实。确实，民众的意见需要得到充分表达，但少数精英的理性、对天或某种超越性的尊重也很重要。

当然，我觉得要考虑现代社会的可能性和次序性，但不会去批判这些思考。就好像人说"奥斯维辛之后不写诗"，"批林批孔"之后我再也不会批儒批孔。

问：吴思先生认为叫"纲常"是一种引起关注的话语策

略。他认为转型过程中利害计算毫无疑问是第一位的,道德良知只具备次要作用。

答:这个我不太同意,我觉得在利之外,还有义,有天经地义。生死抉择时的说谎可以理解和原谅,但不意味着说谎就是对的。简单用利害计算来说是不妥的。

我相信有一些在所有人心里存在或潜存的天经地义,比如不可杀人,不可伤害无辜。即便不受惩罚,杀人也不容易,正常人一般情况下下不了手。为什么刽子手这一合法职业在现实中人们都避之唯恐不及?

但人们也会疯狂,尤其在一种集体暴力中,甚至有变成英雄的许诺。社会最需防范的就是这个。而我们最需要的就是诉诸人们心中对天经地义的道德直觉。

问:良知是先天就有的,还是后来培养出来的?

答:我觉得本来都有的,但很容易放失。比如利益的诱惑;或者是权位很重,可以像隐身人一样,干坏事不会受惩罚……这就会丢失本然良知。孟子说的"恻隐之心"是一个道德动力的根基。

问:为什么个人安排自己的生活有道德性?基督教文明里是人在神面前是平等的,现代社会有天赋人权的说法作为依据。我们对此是认同即可,还是需要提出更有力的根据?社会纲常是否需要精神信仰的支持？

答：吴思也提过这么一个很有意义的问题。但这个问题不仅仅是中国的问题，而是整个现代世界的问题。

传统社会有一种信仰、敬畏，现代世界整个"脱魅"了。反宗教和无神论把神甚至"天"都弄掉了。但你可能无法，也不应当再重新依靠政治权力来"神道设教"。在信仰问题、价值问题上不能强求一律，不能说没有的人一定要有，这要从心里生发出来，不是权力规定，但你至少不要去破坏信仰的植被。

对信仰要尊重，哪怕不理解都要尊重。我们要感谢中国的少数民族，是他们给我们更多地保留了一些信仰，哪怕是"原始"的信仰。少数民族聚集地一般比汉人聚集地的生态好，不轻易破坏自然生态，也不那么功利、物质和世俗。

问：怎么理解个人也存在争议。比如社群主义对原子式的自由主义就有一些批评。张祥龙先生提倡儒家特区，认为民主、法治的形态应该有中国的特点，比如家庭的价值。

答：中国太需要各种自愿社团、民间社会。只要能够自由进入和退出，就应该鼓励。应该鼓励各种实验。有人说，要重新恢复人民公社，可以啊，以色列也有公社，但是要可以自愿进入和退出。现在组织的训练显得更紧迫重要。走向民主，必须通过一定的权利和义务的训练，以养成现代政治文明需要的人格和行事、思维习惯。

问：伦理领域总是很难有革命性变化，但政治领域的变化要大很多。

答：政治领域不一样。君为臣纲，表面上打破了，但20世纪人们经历了比过去君主统治更厉害的全权统治。过去海瑞骂皇帝这类事，即便当事人被处死，其他老百姓、官员是同情他的，但现代全权社会里，你会众叛亲离。

"父为子纲"有亲情保证，绝大多数父母对儿女有亲情，会关照儿女的利益。政治领域不一样，我们应该强调民为政纲。

古中国不像古希腊，那么多政制可供选择，儒家只看到君主制，只能改良君主制。现在有了选择。

问：多数知识分子还是主张渐进地改良，这跟生命原则相关？

答：我在《新纲常》一书里说，如果出现大规模流血，最后一定是个比较独裁的人出来收拾残局，克伦威尔、拿破仑还算好的，更坏的还有。个别人认为只要乱就好，好像乱到一定程度会自然出现一个新世界。但这有很大危险。

问：即便是战场上，也要做到"跟我上"，而不是"给我上"。自己可以去流血，但不可以自己躲在后面，却去号召别人。

答：要把生命原则放在第一位，使社会不崩溃。所以我把法治放在民主之前。实现民主的途径要有法律的统治，通过法治训练、公民训练到民主选举。在实行民主选举之后也还是始终落实法治的，不走这样一条路，就可能会是走向暴力冲突的劣质民主。

问：基于生命原则，您应该也赞成在法律上废除死刑？

答：赞成。但可能是逐步废除，我也不知道最后能到哪一步。有些残杀孩子的，我会犹豫，太匪夷所思了。但要有生命至上的信念，我们有其他惩罚手段，可以把他关一辈子。当一个人生命受到直接威胁时，可以杀死对方保护自己。但你作为一个强大的国家已经把他抓住了，可以把他关住，不让他为非作歹了，是否一定要杀死他？

这是一条线，哪怕对一个快要死的人，主动去杀死他，也不行。用老子的话说，"代大匠斲者，希有不伤其手者矣"。有些东西是人不能越俎代庖的。人为地去结束一个人的生命，总是有某种凶险和恐惧。

问：也反对安乐死？

答：这是他自己的意愿。如果一个人留了遗嘱，家人也同意，我不会特别反对，也可能不会特别支持和倡导。有的人很痛苦，生不如死，觉得活着太没有尊严，每天处在痛苦之中。但即便这样，也不是积极地去帮助他死，是消极的，不是打针促进死，可能是放弃治疗，等等。主动安乐死需要更强有力的理由。

问：市场经济和社会道德间是一种什么关系？

答：市场经济本身有一种道德性，让个人自主安排自己的生活、消费，尊重人的主体性。计划经济是认为有些人比另外很多人高明，而且资源集中也可能造成腐败和浪费。

但哪怕再健全的市场经济，在价值上，它以物质效益为中心导向。手段上，是竞争，虽然比武力或权力配置好多了，不过还是容易出现问题，容易用各种不正当的竞争手段。解决这个问题需要严格的法治，比较困难，法治也是一种强制。我承认市场经济有道德性，但不认为道德应以市场经济为基础。

问：反过来说"市场经济需要道德基础"似乎也不全合适，法治更有效。但法治又需要道德根基？

答：坑蒙拐骗肯定不行，市场经济必须有某种强制约束，价值上受伦理引导。一是要有人道底线，包括保护市场经济中的弱者和失败者；二是不顾一切追求利润最大化是不行的，地球也将承载不了。人还有其他需求。欧洲真正成熟的市场经济，可说是不那么锱铢必较的市场经济，很多人一辈子就做小店主，发展不到麦当劳、肯德基那样的连锁店，做不到那么大，但能够维持自己体面的生活。

问：健全的生活需要在个体层面的平衡，市场经济可以提供这样的空间。似乎不矛盾？

答：要有平衡，不走极端。民主政治、市场经济，都要力求中道，避免生态灾难、政治灾难和战争灾难。

问：民主政治与市场经济都给我们带来了平等。但平等也会带来社会向下滚的危险？

答：对。现在我还不知道怎么解决平等和物欲的冲突困境。也许人类面临很大的灾难后，不是要求实行民主，而是要求某种权威。比如在很大的生态危机或城市出现大洪水之后，可能要约束某些自由和财产权。一部分人财产全部失去了，还有一部分人的财产全部保留了，但生命优先，紧急避难，哪怕是你的庄园，别人就要在这里住，要吃你庄稼地里的东西，要不然活不了。整个人类社会遇到这样的灾难，可能就要约束一些权利。那时治理不一定是大家投票，而可能是权威治理，危机时不能政出多门。

问：但也不意味着是独裁政体，那也蕴含着极大的危险。
答：用西塞罗的话说，可能还是某种混合政体比较妥当。

斯巴达有两个国王，有元老院、公民大会，公民大会最有权力，有时元老院掌握更多权力。古罗马也实行过，有不同的比例和比重，没有很单纯的政体，都是某种程度的混合政体，但以什么为主却可能要因时因地制宜。

问：怎么理解以前所说的"礼不下庶人，刑不上大夫"？

答：现在最重要的是法治，法律面前人人平等。不管多大权力的官员，不能逾越法律，不受惩罚。不管多卑微的人，被侵犯、被伤害了，不能求告无门。

在过去的等级社会里，老百姓的道德主要是风俗，不需要政治上的礼仪，他不参政。等级社会要考虑名分问题，跟老百姓不太一样。老百姓犯法了到衙门去，可能当庭褪裤子打屁股，如果是秀才，他有个名分，一般就不这么羞辱他，需要保持某种名分的尊严，在当时，也有一定道理。但现在不一样，不可能依靠这种距离感、神秘感来维护秩序。

问：前段时间"常回家看看"入法，是否是法律侵入道德领域？

答：要求子女常回家看看，如果放进刑法肯定不行，但在老年人权益保障法里提到也可以。但即便如此，落实这个条文还是很难靠权力执行和惩罚，而主要是靠舆论、良知，靠劝导。如果盲信法律，可能还激化矛盾。

一个进步的社会,应该有越来越多的行为被划为私域,而不是划入公域。一个相对自由的社会,会把很多行为纳入约束,或某些自愿的组织去协调,而不是权力干预。

问:私德不好的人,怎么在公共领域评价他?比如美国的黑人民权运动领袖马丁·路德·金,曾被政府监控到参与性交易,等等。比如管仲,个人生活奢侈,但对社会秩序、国家治理有贡献。

答:要区分对人和对事的评价。只要是正当钱财,我们虽然不赞赏奢侈,但也无从谴责或惩罚。我以前写过一篇文章谈盯紧坏事,慎说坏人。对坏事恶行要有正义感,但涉及对整个人的评价要慎重。老说别人是恶棍、人渣,这样的人往往自己就成问题。一个人即使做很多坏事,只要他活着,还是可能翻盘。而有些好人,也会突然做出坏事。

对一个人的评价甚至盖棺还不能论定,但好事就是好事,坏事就是坏事,涉及行为的道德标准还是应当比较明确。

问:有人说,转型过程中,好制度才会生长出道德,之前主要靠利害计算,君子才能追求好的德行。儒家也说君子喻于义,小人喻于利。怎么看这种区分?

答:面面俱到的完善君子很难,普通人就可以有基本的正义感和同情心。社会氛围很重要,要有意识地往善加点砝码,天平就向善摆过去。有人率先做，就会有跟进，不要求所有人都成为君子。

说古代社会是君子社会，也不是说大多数是君子，或要求大家都成为君子，只是尽量把少数君子选拔到社会上层，起示范作用，你要比老百姓做得好，对你要求高。和传统社会等级制相应的，是一种"上严下宽"的道德等级制。

问：这是法律还是道德的要求？

答：制度和德性有重合的一面，或者说对制度可以从道德的角度去评价。就像市场体现平等自主的德性，法治也体现平等对待的正义。有些义务既是道德义务，又是法律义务，尤其是在接近底线的层次。

三千年和三十年的汇流
—— 答戴兆国问

问：《新纲常》在引言中提出："本书的确是尝试从一种道德体系的角度来构建这一社会的'道德根基'，即力求完整和周延地阐述当今社会的道德原则、价值信仰和实践途径。"请您谈谈社会的道德根基对于一个社会的建构和发展的意义何在？道德根基与经济基础对于社会发展的作用有何不同？

答：要长久地维系和发展一个社会，肯定不能靠强力，甚至不能完全靠经济效率，虽然经济效率也是一个很重要的指标，即只有达到了足够的经济效率，才能有效地维持和发展国计民生，满足"生生"原则的基本要求和更高标准。但是，当人们走出了生存挣扎，尤其是在大致满足了温饱之后，会考虑也应当考虑一些更高的事情，也是人之为人应该考虑的事情，比如过一种有尊严和体面的生活，等等。

而且，对一个社会来说，只有多数人能够相信这个社会基本是公正的，或者说是可以和平地予以改善的，这样才会去支持和维护这个社会的基本制度，但也不放弃不断的改革。包括经济实力体现的国家能力是不能没有的，也必须达到一个合适的水平，但是，还要有尊重所有人的基本权利的制度正义或者说全面的社会道德根基，这样才能是一个长治久安而非得过且过的社会。

这里，我要说明的是，经济和国家能力并不自外于道德，更不是说和道德对立，而是包含在道德评判的范围之内，但道德的根基是独立的，并不以经济或国家实力为评判的基础。

问：您在《新纲常》中提出了影响中国大陆的三种传统，即近三十多年来以"全球市场"为关键词的"十年传统"；前此一百来年以"启蒙革命"为关键词的"百年传统"；最后是前此两千多年来以"周文汉制"为关键词的"千年传统"。请您解释一下这三种传统之间有何关系？时下我们更应该发扬何种传统？

答：我在收集在《生生大德》《渐行渐远渐无书》和《中西视野中的古今伦理》等书的文章中，都谈到了这三种"传统"的界定和相互关系。简要地说，这是一种长线、中线和短线的关系，真正的传统是千年历史文化传统，但由于这个时代的社会变化太快，甚至数十年前的"百年传统"也离我们有相当的距离了。

提出这三种"传统"的概念，实际也是为了观察塑造我们今天的现实和未来的三种主要力量。而今天人们的主动介入自然也是重要的，这就涉及对这三种"传统"的取舍和扬弃。它们中自然都有过时和不合今人道德的东西，也都有需要吸收乃至弘扬的东西，也就是说，都需要细致地分析和梳理，故而我不赞同仓促地提出"通"或"合"的概念。

对这三种"传统"也不可能等量齐观。鉴于千年传统在近百年中被批判太过，以及它的确抓住了人伦道德中一些最基本的东西，以及从当代"十年传统"中吸收了世界文明和前此两个传统中一些好的东西，不那么激烈否定过去，我倒是更赞许首先是一种"三千年和三十年的汇流"。

问：在《新纲常》中，您述及"道德不仅有独立于政治的一面，而且比任何特定的政治制度和意识形态都更永久"。我想问的是，道德与政治的关系是什么？道德如何才能够发挥比政治可能更大的作用？

答：个人道德应当说是更为独立于政治的，甚至险恶的政治反能造就道德的英雄和圣徒。但对于绝大多数人来说，对于社会伦理的建设来说，我们显然应当争取一个首先是按照道德标准来说是较好的社会政治制度。政治对合乎正义的制度变革、对改善社会道德风俗也能起很大的作用，而道德则可以为我们提供衡量政治的道德标准。

这里重要的是，我们一方面要预防将政治道德化，似乎政治就是为了一种道德教化的目的；另一方面也要预防将道德政治化，迷信政治的力量，结果将可能使道德完全淹没在政治之中。我们要注意两者的各自独立性，尤其是道德对政治的独立性。

道德与政治发挥作用的领域是不同的：前者给我们提供衡量制度和行为的基本正当和正义标准，也涉及人生和幸福；后者则努力首先打造一个好的社会平台，以便人们的各种合理人生追求，当然包括道德追求，能够有一个适应于大多数人的基本条件。

问：如果承认政治有着杠杆的作用，那么这种作用如何发挥？我认为，政治在其发展过程中能否由管理转向服务，由权力制约转向能力制约，应该是新伦理获取民间力量的前提。不知您对此是否认同？

答：新的社会伦理肯定是应当首先从民间发芽和生长的，政治不应当去压制或妨碍这种生长。希望首先在民间。但生长到一定时候，如果有一种上下的配合，甚至有一种政治的促进，无疑也是很好的。但这除了主观的努力，还要有一种客观的历史因缘。

我想，管理和服务，权力的制约和能力的制约，无疑都是应当需要的，而且，由于过去的政治太重管理而缺少服务，故而更强调真实的服务是很有必要的。

问：您提出我们需要探寻和建构一种从制度正义到个人义务的全面的"共和之德"。我个人觉得，历朝历代的政权都强调政治统治的正统地位，强调自己是道统的继承者。您的这种呼吁是否是对道统的回归？或者说，您是否希望建立一种当代社会的道统？

答：如果说是一种像传统社会那样包罗万象、统摄人们的所有追求，包括最高的、对于至善和终极关切的追求的"道统"，那么，这样一种"道统"的追求对现代社会来说几乎是不可能的，也将妨碍其他人在其他方向的合理追求。

在现代社会中，终极信仰或"至善"将不是唯一的。但是，如果说是一种主张基本的道德、主张基本的"天经地义"的"道统"，那么，在这方面，连续性肯定是存在的。

问：您提出新三纲的顺序是民为政纲、义为人纲、生为物纲。但是我觉得，从新三纲适用的范围来看，生为物纲应该属于最为基础的，其次才是义为人纲、民为政纲？

答：我是将最紧迫的，范围也相对是最狭窄的义务排在了最前面。"民为政纲"主要是讲政治家、官员的义务，指他们要向国民、公民负责；"义为人纲"是讲所有人的义务；"生为物纲"是讲人对整个生态的义务，也是说明一种最基本的、范围扩展到最广泛的道德原则。换一种次序和方式的叙述也是可以的。

问：我们一般认为对利益的争夺是决定和影响族群关系的根源，您对此有何看法？

答：利益也可以说是"中间的差异"，但它也可以说是贯通上下两端的，即上下两种差异都可以表现为利益之争，或者这两种差异加入进来，强化利益之争。如果仅仅是利益之争，常常是可以谈判、妥协的，但如果加入了信念或意识形态的冲突，加入了种族的识别或优越感，那么，斗争就可能走向非常激化的、不可解的地步。

问：在新正名中，您提出"官官"的含义最重要的是要落实"民为政纲"。您认为中国政治治理中，官员治理最大的问题是什么？如何从制度层面和操作层面考虑以及提出何种建议？

答：官员治理最大的问题就是权力过大。这里首先要面临的一个严重问题是，在整个社会实际存在着的"官本位"，政治权力不仅成为社会的重心，而且常常越出自己的范围，僭越于像经济财富和学术名望等领域，比如我们在学术会议上经常可以看到也是按官职和上下级排座次。比如，有一次我看到一张合影，一个年轻副处长坐在最中间，而昔日教过他的数位白发苍苍的教授站在后排，这就只剩下了"官尊"而没有了"师尊"和"齿尊"了。

这需要通过一些制度和观念的改变，让权、钱、名在社会上分流，而根本的还是限制和制衡权力，让权力只是在其履行合法功能的范围和程度上起作用。

问：《新纲常》更加偏重于政治的设计，还是为了道德的目的？如果新纲常在社会制度层面能够得到落实，是否意味着我们可以不走分权式的民主道路，进而使中国道路凸显其时代和历史的意义？

答：每个国家都有自己不同的国情。比如说，不一定是三权分立和制衡，但权力的制衡和分散绝对是必要的。正像托克维尔在《论美国的民主》的序言中所谈到的，法国的法制尽可以不同于美国，但有一些基本的原则，例如遵守纪律的原则，保持均势的原则，真诚而至上地尊重权利的原则，则对所有的共和国都是不可或缺的，是一切共和国都应当具有的。

问：每个时代都有各种以"新"为标志的思想和理论，您的《新纲常》与冯友兰的《贞元六书》有何不同？

答：我赞赏从传统出发来开新的种种尝试，但冯先生的努力我以为主要还是传统思想型的，即实际上还是更重视少数个人精英的，也更重视最高价值的追求；而我则是从整个社会出发，从绝大多数人来考虑，且希望首先厘定基本道德，尤其是制度的基本道德的范围。

所以我更重视制度，如果一定要比较的话，我想我可能更接近于钱穆一路的研究，但比他们又更重视从比较纯粹伦理学的角度来思考问题。

问：如果说《新纲常》更加偏重于制度的考量，那么对良知的呼唤是否就不重要了？

答：对良知我主要是谈适应于社会义务的良知，但我讲的社会制度、社会正义也是弘扬基本良知的制度。《良心论》虽然是从内在的道德意识出发，但主要讲的还是与社会义务相应的部分，所以可以说是一种作为现代社会成员的个人伦理学。《新纲常》则直接涉及制度，也直接用了"纲常"的语汇。

应该说，《良心论》已经主要是试图利用传统伦理学的思想资源，包括一些主要概念也是用传统的语汇，以让现代伦理学也来说"汉语"。但体系框架还是自己设计的。而《新纲常》则直接用了传统的社会伦理的框架，即陈寅恪所说的可以界定中国文化的"纲常"体系，这样做也有为传统"纲常"正名的意思。传统"纲常"，尤其是旧"三纲"，在近代被攻击得太厉害，以至很大程度上被污名化了。我希望返本开新，恢复这一系列概念的合理使用。

问：您一直关注中国社会的发展，比如您说要研究"周文汉制"，不知道这样安排自己研究计划的目的是什么？其中又会包含着哪些更深的用意和期待呢？

答：其中的一个目的可以说是阐释千年历史传统。从"周文"到"汉制"这一千多年的历史实践中,有创发期、裂变期、衰落期,也有重新振兴期。这很值得今人思考。而且,"汉制"在秦代开创的统一和强大的国家的条件下,重新融入了"周文",为后世两千年的传统政制和社会治理提供了一个基本范型。这其中许多经验是其他文明所没有的。

"全球伦理"的可能论据

"全球伦理"是一个世纪末的话题，也是一个新世纪的话题，它既表达了对即将过去的 20 世纪的反思，也表达了对即将来临的 21 世纪的希望。它是这个世纪的最后几年里，跟宗教、伦理、人文有关的一些人的话题，是一个一段时间里在知识界不大不小，不太热也不太冷的话题。还有一些退休的（你也可以嘲讽说是"过气的"）政治家与之呼应。当然，始终有几个非常热心的学者为之奔走、推动和呼吁。在世界各地，包括以联合国教科文组织的名义组织过几次专家讨论会。但是，它并没有在文化界更勿论社会上引起持久而热烈的反响。然而，又存在着不同名义、不同形式、不同规模，但同样性质的其他努力，说明至少在一部分人心里确实有这样一种愿望。

现今世界上真正掌握着大部分政治权力或经济财富等资源的人，大概没有谁会愚蠢到去直接反对"全球伦理"，即便是反对，大概也至多不去太理会它，将其视为一些好心却太天真的人的空谈。"全球伦理"谋划诞生于 1993 年一次世界宗教大会，大会发表了一份走向全球伦理宣言，组织了一些活动，但并没有实现它形式上想达到的一些目标，比如说在《人权宣言》发表五十周年之际（1998年），由联合国发表一个全球责任或伦理宣言。联合国以及其他一些大会或国际组织发表的宣言，实在也已经够多的了。

但它确实引起了一些关注，形成了一些讨论，亦即它确实作为一个话题存在过。并且，这个话题还并没有消失，因为刺激着它的问题还没有消失，甚至比以前更恼人地出现在我们面前（想想最近的科索沃事件引起的各方震荡）。谈起上面的话，是为了使我们恰如其分地看待这个话题，不必太复杂地去考虑这个话题的背景或动机，从而也不必抱有过分的疑虑或警惕。事情有时并不复杂，是我们想得复杂了，它后面并没有什么了不得的政治和经济势力。你甚至可以说只是20世纪末的几个杞人忧天。它和当前最具势力的组织力量——民族国家没有什么关系。我们不妨只是把它看作一个论坛、一个话题。但是，要想到有些话并不注定就是全无作用，未尝不可能在某一时刻达到一些人的心里，有些看似不可能的事情最后也有可能发生——无论灾难还是希望。罗马俱乐部忧心忡忡的预言有许多并没有成为现实，但之所以这样，可能正是因为人们听到了它提出的警告而相应地已经调整了自己的态度和行为。所以，不管这一话题所象征的活动和努力最后结果怎样，它背后的问题总是存在，总是在尝试以各种形式提请人们注意，刺激人们寻求各种解决办法。我们也许就真能找到一些办法和出路。我想，无论如何，不是别的主题，而正是这种吁请和平而不是暴力，吁请生命而不是毁灭，吁请对话、交流与合作而不是封闭、敌对与斗争的主题，倒是值得人们"年年讲、月月讲、天天讲"的，以提醒容易失去记忆的我们。有些话还是有必要强聒不舍。故此，我还是钦佩这一谋划的呼吁者，并愿意就这个话题再说一些话。

我现在再来明确一下范围。这里的"全球伦理"（Global ethic）文本是指1993年世界宗教会议所提出的《走向全球伦理宣言》。当然，我实际上也是想探讨普遍伦理的一般论据。但我需要一个文本，以明确分析的界限和防止可能的混淆，而且这个文本最好已经过广泛的讨论，一些不同的意见，包括反对的意见，得到了一定的表达，即已经成为一个争论的"话题"[2]。我想，上述的《走向全球伦理宣言》正是这样一个合适的文本。

至于题目所说的"可能论据"，是指它们只大致指出论据的一些可能方向和形式，我在此并没有打算使它们构成一个完

---

1 详细内容参见孔汉思、库舍尔编《全球伦理》，何光沪译，四川人民出版社，1997年版（下引此书均以此版本）。此书还包括一些类似的，由斯威德勒促进委员会起草或通过的文件，但我的分析限定于孔汉思起草的宣言。

2 "全球伦理"的谋划近几年来在世界各地已经有过一些讨论，据我所知，在中国也召开过两次专门会议。一次是1997年9月10—12日在北京大觉寺召开的"中国传统伦理与世界伦理"学术研讨会，与会者并共同签署了一份纪要。另一次会议则是1998年6月1日—3日由联合国教科文组织和中国社科院共同组织的"普遍伦理：中国伦理传统的视角"专家会议。

整、统一、严格一贯的论据体系，尽管这些论据如能程度不等地起作用的话，客观上它们也许能起一种综合的作用。我写这篇文章主要是想使这个"话题"进入论证的层次，使赞成和反对的观点也许能由此在一些更明确的问题上，展开有成效的对话和争辩。

一 "全球伦理"的谋划

我们根据1993年世界宗教会议通过的《走向全球伦理宣言》（以下简称《宣言》）及宣言主要起草人孔汉思的陈述可以判断出："全球伦理"谋划的起因和动力主要是来自宗教，而其主要着眼点或者说吁请对象则是民族国家。

起因和动力主要是来自宗教：不仅《宣言》的最初推动者是几位教徒，《宣言》也是在有世界上几乎所有宗教的6500位代表参加的大会上通过的，《宣言》还特别强调要有一种"意识的转变""灵性的更新"，要最大限度地调动起"灵性的力量"来支持和保证对"全球伦理"的尊重和履行。

主要呼吁对象则是民族国家，是首先面对世界上民族国家之间的冲突、战争所造成的危机和灾难，以及民族国家作为当今世界最有力量的组织却并没有负起自己对世界的责任，发挥自己的作用，去争取和平共存和合作发展的现状。这其中，政治领导人当然负有首要的责任，但它也是每一个人的责任。

换言之,《宣言》所针对的主要是世界上那些最严重的危机和灾难——它们多是由民族国家的冲突造成的,所诉求的主要对象是生活在各个民族国家中的人们,而尤其是政治领导人,它所希望建立的"全球伦理"也首先和主要是指各个国家之间应当遵循的伦理准则;然而,它又希望各个宗教的信仰者首先行动起来,不仅致力于缓和与消弭各宗教间的冲突,更努力去争取全世界各民族之间的和平共存。"没有各宗教间的和平,便没有各民族间的和平",这就是孔汉思及其同伴的初衷。而"全球伦理"这一吁请最初并不是出自首当其冲的各国政治家,而是出自精神宗教的信仰者,看来并不奇怪。一个哪怕是着眼于最低限度伦理谋划的起始和发展,也常常需要一种最高精神的发愿和支持。

"全球伦理"自然需要具有一种全球意识,具有一种地球上所有人、所有生命都休戚相关的意识。世界进入"现代"的过程,使世界更紧密地连在一起,形成一个彼此距离日益接近和相互影响日趋增大的"地球村"。任何一个民族国家都不可能再孤立地发展了,任何一种国家行为甚至个人行为都要在相当程度上影响到其他国家和个人。世界各国的政治、经济、技术的"全球化",于是也呼吁着明确建立起某种全人类的共识。没有某种基本共识,各民族也就不可能和平共存。

然而,到哪里去寻找这种共识呢?在何处可以找到各民族、各宗教的某些最基本的共同之处，以作为它们首先共存，进而合作的起点呢？能在各宗教或各个人的终极信仰或价值追求（或者说"高级伦理"）中寻找吗？然而恰恰在这里，我们要遇到几乎无法消解的歧异和矛盾；或者在所有国家或个人的共同利益中寻找吗？然而利益除了有互利的一面，总是有相冲突的一面。

在我看来，孔汉思叙述自己准备《宣言》文本的过程是饶有趣味的，也是合乎寻求共识的一种思想逻辑的。他从谋求各宗教与各民族的和平开始，认识到首先要找到"新的伦理上的共识"。1990年他出版了《全球责任》一书，在世界宗教和全球经济的背景下对世界伦理的需要进行广泛的探讨。但是在伦理学中，仅仅一般地讨论人的责任或责任感是不够的，哪怕把这种责任和责任感鼓吹到极致，没有任何原则规范它就仍不免流于空洞和虚玄，而且它一般只对少数人的少数时候有效，故此，只强调一种形式责任感的伦理学，实际是一种相当精英化、自视甚高的伦理学。在"最大责任"的下面有可能是"不负责任"。所以，我们在社会伦理上不敢依赖某种强调一己在任何时候都要重新抉择的行为义务论或境遇伦理学。一种面向全社会和全世界的伦理学必须尽量考虑到所有人的所有时候。

当然，以上所论并不是对孔汉思的批评。他实际上一直在考虑如何使一种世界性伦理落到实处，他也拒绝了以最初有人建议的较含混的"全球价值"来拟定《宣言》，而是明确地定名为《走向全球伦理宣言》。但在《宣言》的文本中，究竟是以强调"各种古典的美德"为指针，还是专注于现代社会提出的"各种应用问题"，抑或寻找到一些古老而又具有现实意义的"原则规范"，他开始也还是心存疑虑。最后，他说他在长期的思考及广泛的交流过程中逐步获得了三点基本的见解：[1]

这三点基本见解是：1. 这种世界性伦理必须区别于任何政治、法律理论观点以及意识形态、精神信仰或形而上学理论；2. 它的两条基本原则：一条是以肯定形式阐述的"每一个人都应当得到人道的对待"（或曰"人其人"[2]），另一条是以否定形式阐述的"己所不欲，勿施于人"；3. 四条简单明了的行为规范则是："不可杀人，不可偷窃，不可撒谎，不可奸淫。"

这些就构成了"全球伦理"的主要内容。我很欣赏孔汉思在其中反复说明的两点：第一，它们是各宗教（也是各文明、各民族）已经具有的"共同之处"，所以，《宣言》实际上只是"重申"，只是更明确地再一次"展示"这些原则规范，它们是古已有之，然而又深具现代背景，这也可以解释为什么在没有这一《宣言》或这一"全球伦理"谋划并未取得很大成效的情况下，世界也并没有完全陷入混乱无序的状态，以及解释在这

---

[1] 《全球伦理》，第54—55页。
[2] 用"人其人"这一表述是为了简洁，此处不包含其特定历史含义，如在韩愈《原道》文中"辟佛"的含义。

一谋划之前或同时，还不约而同地有一些相类似的谋划。当然，这并不是说我们可以满足于让这些原则规范就朦胧地潜存于我们的心里，或者在实践中忽强忽弱地制约着我们的行为，我们还有必要一代代地重申这些原则，并具体研究它们所面对的这一新的时代的实际应用问题。

第二，我也很欣赏《宣言》及其说明中多次提到"全球伦理"所要阐明和要求的只是一种"最低限度的"伦理，只是一种"最低限度的基本共识"，是一些"不可或缺的"或"不可取消的"基本标准，说目前暂不能达成共识的不包括在内。也就是说，我理解"全球伦理"基本上还是一种"最少主义的伦理"（the minimalist ethic），或者说是一种"底线伦理"，我也正是愿意在这样一种意义上探求"全球伦理"的可能论据。我之所以说"基本上"，是因为《宣言》还表述了一些较积极的、具有明显现代意义甚至西方色彩的推论，对这些"推论"的基本提法我并不反对，但对某些具体内容却不完全赞同，或者说，其中还有些含混之处，另外，也可以考虑有更切合不同文明、民族的要求和表述。也许，正是这些"推论"，使一些人又得出了"全球伦理"是一种"最多主义伦理"（the maximalist ethic）的印象。不过，在我看来，它基本上还是一种"最低限度的"伦理。下面我们就来看其是否有可能从某些方面得到论证。

二 "可普遍化原理"

源自康德的"可普遍化原理"简单说来就是：你应当如此行动或行为，使你的意志所遵循的准则永远同时能够成为一条普遍的立法原理。这里需先作一些具体解释：

1. "行动"或"行为"。这里不说"生活"而说"行动"或"行为"，因为"生活"是笼统的、总体的，"生活"一般与目标、价值、意义有关，强调的是主体、总体；而"行为"则是具体的、明确的、有针对性的，与意志、准则、规范、原则有更直接的联系。在一个人那里的"生活"，也就是他的行为、活动（包括内心的活动和体验）的总和。而"可普遍化原理"所涉的"行为"，实际只是指人的一小部分道德行为，即与他人或社会有利害关系的行为，并非人的所有行为都可纳入道德考虑。事实上，人的大多数行为都与道德无关（甚至结构安排越是公正合理的社会，会有越多的个人行为与道德无关）。而这里所用的"你"也只是为了便于说明，"你"实际上指每个人，康德这句话也不是要作为一个行为选择原理推荐给个人，而是要作为一个从逻辑上排除或核准行为准则、规范的根本原理起作用。

2. 行为意志、准则与原则。我想在此可以这样理解：一个人的行为必出自他的意志、意欲，而如果他的行为不是任意的，不是反复无常到完全不可捉摸和无从判断的，那就可以说,他的行为意志是遵循了某些准则的。比如,我们可以根据某个人的一系列行为,判断他是遵循了"凡是说谎对己有利而讲真话有害时那就说谎"的准则,甚至是遵循"利用一切可能的机会来通过说谎谋求自己的利益"的准则,不管他是对张三还是对李四说谎都是一样,在此他并不考虑对象,无论对象如何,只要对己有利,他都是要说谎的。"普遍立法原理"还不是指这种行为意志的"准则化",而是指他的行为准则是否可以在主体上普遍化,即其他所有人是否都可以遵循这一准则行事而不自相矛盾、自我拆台,他的行为准则是否可以同时成为所有人的行为准则,即为所有人立法,转成一种普遍的行为规范或原则。也就是说,在此"意志""意欲"是主观的,"准则"虽有了某种一贯性,但仍是个人的行为准则,而当我们说到"原则"或"普遍原则""普遍规范"时,我们就是指那种要求所有人都遵循的行为规范。

现在有关的两个问题是:第一,为什么人们一定要承诺某种普遍原则或者规范?每个人直接地和具体地去面对每一个行为境遇进行判断不是更好更贴切吗?为什么还要诉诸一些约束人的准则规范?并且,规范又不可能告诉我们在每一个具体行为境遇中究竟如何做,还是常常得分析具体情况才知道怎么办,那么,要它们又有何用?这里有一种"要么全部,要么全不"的思路,似乎只有在道德规范能使我们每个人都能一劳永逸地知道在道德上如何行动时，我们才可承认和接受规范[1]。但规范实际上只是起一般规范的作用，而它们之所以能一般地起作用，是因为我们的生活和行动中有许多类似的情况，我们可以在这些类似的情况下采取类似的行动。在每一次可能涉及道德行为的处境中，每个人都重新根据自己的感觉和判断来选择一次，不仅是不可能的，也是不必要的。个人早就可以根据这些境遇的类似点总结出适当的行动准则了，当然，行为境遇不可能完全一样，但还是有很多共同点可循。并且，重要的是，如果在一个人的行为中全无准则、规律可寻，只是一系列碎片、断片、转折，这是否就提高了他的主体性呢？抑或只说明他是一个不可理喻的人？我们甚至完全无法判断他的人格、德性，也无法预期他可能的行为而相应地与之交往，我们甚至可以说这是一个人格分离的人。所以，即便只是从个人人格的完整性和统一性来说，个人也必须有某些自己的生活准则、道德准则，个人行为中需要有某种前后一贯性存在。

然而，一个人可能说，我会确立一些自己的行为准则，并一般来说就按这些规则行事，但是，我们还是不需要什么普遍规范，或者，我们每一个人都可以，也应该按照某些形式的责任感或目的（如功利、幸福、完善、自我实现等）在每一个具

---

[1] 这种思路还表现为：似乎"全球伦理"必须解决所有全球问题才是"全球伦理"，伦理学必须解决所有人生问题才叫"伦理学"，即希望一种从最高层次着手的、一揽子的总体解决方案。

体行为境遇中重新判断和作出抉择。然而，不仅在一个人生活面对的行为境遇中存在着许多类似之点，在这个人和那个人的行为境遇中也同样存在着许多类似之点，我们为什么不可以根据这些类似之点建立某些一般规范，并在类似的境遇中应用这些规范呢？当然，有时候我们需要面对一些无前例可循的边缘境况，必须自己相当独立地作出道德抉择，但即使在一个人的一生中，这样的境况可能也不是很多。我们没有必要花费很多时间、精力以及深重的焦虑、不安去面对一些本来应用规范就可轻易应对的日常境况，何况这里还有一个主观能力和客观信息的问题。而即便在上述那种边缘处境中，我们的抉择也需要寻求某种指导或助力，并非全无依凭或借鉴。我们也还须考虑人性中的差别，考虑到所有人。

实际上，那些过分强调抉择的境遇伦理学、存在主义伦理学，都带有某种少数英雄论、精英论的味道，它们看来并没有为普通人着想，也不太考虑日常情况。而普通人才是人类中的大多数人，日常情况才是我们经常碰到的情况。它们也很少考虑道德交往、传承和教育的必要性和可能性，这种交往和传承必须是主要诉诸理性的，必须是说理的，而说理就不仅意味着遵循某些基本规则，也意味着诉诸某些基本规范。我们不能把这种道德交流与交往完全交给难以捉摸的主体意志、抉择意志，不管你给这种意志力多高的赞辞，它可能还是让我们大多数人摸不着头脑。而在一个人必须同他人、同社会打交道的世界里，大家都承认和接受某些最基本的、普遍的行为规范和交往原则，是十分重要的。总之，如果我们要做一个人格完整、前后一贯的人，我们就不能没有自己的行为准则；如果我们要做一个说理的人，一个合作的人，一个愿意与别人打交道、别人也能够与他打交道的人，我们也就不能不承认要有某些社会的普遍规范。对于一个朝三暮四、反复无常、不讲道理和规则的人，我们还能指望他什么呢？如果一个行为者的行为完全不涉及理性和理由，那他就谈不上能控制或指导自己的行为；而只要涉及理性、理由，他也就逻辑地必然涉及普遍规则的问题。只要是理性的判断，无论它多么特殊，其中都包含着普遍因素。

但并不是所有个人认可的行为准则都能成为普遍的行为规范。比如说，前面举例的那个遵循"凡于己更有利时就不妨说谎"准则的人，就无法使自己的准则普遍化，他甚至不能让自己的准则公开，而是必须秘不示人才能使这一准则产生"于己有利"的效果。因为他知道，如果所有人都许假诺，那就根本不会有许诺这件事了。"可普遍地许假诺"这一规则与"可许假诺以牟利"的准则，两者不可能同时实行，它们在逻辑上是矛盾的。

第二个问题是："可普遍化原理"到底如何起作用？它是否除了是验证道德规范的必要条件，还是其充分条件？在这里，我们在接受它作为一个必要的条件时又得承认它的限度，即承认它不可能作为一个充分条件起作用。这一原理并不是说"凡能普遍化的准则都是道德原则",而是说"凡不能普遍化的准则都不适合作为道德原则"。它的主要作用是用作排除而非构建,然而,这也正是它的力量所在。另外,最基本的一些道德规范都是作为禁令提出来的,而这些以"不可……""勿……"的形式提出来的禁令,还可以通过"可普遍化原理"对其对立命题或者说逆命题的否定,通过这些逆命题的无法普遍化,而得到另一种形式的证明。

现在我们再来看"全球伦理"所提出的道德原则和规范。两项基本的要求(或者说原则)是"人其人"和"己所不欲,勿施于人"。四条规则是:坚持一种非暴力与尊重生命的文化——"不可杀人";坚持一种团结的文化和公正的经济秩序——"不可盗窃";坚持一种宽容的文化和一种诚信的生活——"不可撒谎";坚持一种男女之间权利平等与伙伴关系的文化——"不可奸淫"。

我更愿意采用以否定形式(即"己所不欲,勿施于人"与"四不可")来表述它们,因为这样较为明确固定,不容易被曲解,也更有可能得到论证和形成共识。我曾谈到作为普遍伦理的任何一种"全球伦理"都应当同时也是一种"底线伦理",只有作为"底线"的那些最基本、最起码的道德规范,才有可能普遍化。而且,我们不仅要对这种道德规范的性质和要求高度作一种"底线"的理解,对这类道德规范的范围也应当作一"底线"的理解,即它不能包括太多的内容,而应当主要由那较少的,但对人类和社会却是最重要、最为生死攸关的规范构成。

上述以否定形式表出的原则规范看来正是这样一些对人类社会最重要、最为生死攸关的规范,它提出的要求是最基本和最起码的。我们不必做出太多的正面引申和推论,不能期望"全球伦理"解决所有的"全球问题",更毋论所有涉及人的问题。它只能集中于诸如战争、饥馑和那些最严重的凌辱、压制、欺骗、虐待等问题,争取在有助于解决这些问题的基本规则上达成共识,从而使性质上能够普遍化的道德规范,也在实践生活中能较广泛地为人们所履行。"全球伦理"主要是为了防止最坏的情况发生,而坦率地说,其中最坏的一种情况就是大量剥夺人的生命的战争,它并不是要去争取实现理想主义的世界大同。

因此,我们应较严格地规定这些规范的内容,并试着建立这些规范与原则之间的关系。"不可杀人"要求尊重生命,但它还无法把其他生命与人的生命等量齐观,无法把"不可杀生"作为不可取消的要求提出;但此处的"杀"应当是广义的,包括对人的身体的打击、伤害、监禁,不予衣食等必需品等,也应包括对人格的直接凌辱、虐待等行为。"不可盗窃"自然不仅指个人隐蔽的盗窃,更包括公然的抢劫,以及大规模地对个人财产的无端剥夺、没收和重新分配。"不可说谎"中的"说谎"则看来应一方面缩小范围，不把那些琐碎的、逗乐的、关系不大的说谎包括在内；另一方面又扩大范围，把那些掌握着舆论工具和信息来源，却在一些更大的问题上有意封锁信息，或只提供片面信息，有意误导人们的行为包括在内。"不可奸淫"在这些规范中似乎是最具私人性的一种，在现代社会中它看来主要是针对那些强制和诱骗的性关系，尤其是对未成年人。

在所有上述规范中，特别需要针对的，与其说是以个人名义，不如说是以集体名义犯下的这类罪行。以上行为凡属个人所犯，必然都要遭到刑法的惩罚，但若以群体名义做出，不仅群众常常可以开脱，其领袖甚至反受到赞誉和崇拜。为什么以群体的名义就能犯下若个人所为将必然受罚，个人也将尽力隐瞒的罪行？为什么个人心底里清楚此属罪行，甚至也为之羞愧、不安的行为，群体做起来却理直气壮？因为群体常常为此提出了一套振振有词的"理由"或"理论"。实在说来，在上述所有四个方面，至少从20世纪来看，造成人类最多不幸的还不是社会中那些个别的刑事罪犯，而是那些大规模的"集体犯罪"，诸如在民族和阶级之间掀起的战争、动乱，人为制造的饥荒，种族灭绝，驱逐，清洗，"净化运动"，集中营，大规模的没收、剥夺乃至于对被剥夺者的人身消灭，子孙禁锢，以出身定终身，意识形态的专制，宗教的迫害，操纵舆论者的大规模欺骗，等等。所以，我们说，这些"四不可"规范的对象主要是群体而非个人，尤其是政治性的群体，是民族国家，尤其是那种"全权主义"的国家。

"己所不欲，勿施于人"则可视为"四不可"的一个较为抽象、一般的概括。这里的"不欲"是指一些"基本的不欲"，即一些可以普遍化的不欲。被杀、被关、被打、被盗、被抢、被欺骗以及在两性关系中遭到强制性的凌辱，自然都属于这些"基本的不欲"。[1]"己所不欲，勿施于人"的明确含义是，由于我不愿意这些行为发生在我身上，我也不能对别人做这些事。"四不可"实际可看作是"己所不欲，勿施于人"的具体展开，没有它们，"己所不欲，勿施于人"就是空洞的，甚至可能被曲解；而"己所不欲，勿施于人"也是"四不可"的一个一般概括，"己所不欲，勿施于人"的另一种表述实际上就是"不可强制"，即"不可违背其本人意愿而对他做某些事""不可侵犯他人"，因为"不可杀人"与"不要奸淫"就是说不能强制和侵犯他人的身体，"不可盗窃""不可撒谎"就是说不能强制和侵犯他人的财产或控制他人的意图和信念，哪怕是使用隐蔽和间接的手段。

"己所不欲，勿施于人"离"可普遍化原理"实际上仅有一步之遥，亦即在它那里，还有"己""人"等主体的称谓，如果将其主语换成"所有人"来表述，那就是"可普遍化原

---

[1] 参见拙著《良心论》第四章第一、二节的说明。

理"了，而由于"己所不欲，勿施于人"是把他人置于和自己同等的地位，这一转换并无困难。这样，"四不可"既可作为义务规范分别地予以证明，也可以一起作为像"己所不欲，勿施于人"这样一个更抽象的义务原则综合地予以证明。"己所不欲，勿施于人"意味着：即使主体与对象互换，行为的准则也应当是保持一致。而"可普遍化原理"也就是"主体互换"，或者说，是将个人行为准则中作为主体的"我"，置换成普遍行为规范中作为主体的"每一个人""所有人"，从而以此来检验这一准则是否真的可以成为普遍规范，这里说的是个人，但这一主体并不因它是个体还是群体而有什么变化，群体的利己主义要比个人的利己主义更为可怕。如果个人的利己主义无法普遍化，民族的利己主义也同样无法普遍化。实际上民族利己主义只能对己而不能对人，它无法普遍提倡，若普遍提倡且坚决实行，人类就将永无宁日。

只有能够通过这种"可普遍化原理"检验的规范，才是合符道德的规范，所有的道德规范都必须是普遍规范，那些明显不能成为普遍规范的个人准则不能归入道德规范。所以，"四不可"与"己所不欲，勿施于人"的这种联系，前者被后者所包括，实际上也就从"己所不欲，勿施于人"原则与"可普遍化原理"的相通得到了一个证明。"己所不欲，勿施于人"不仅是能够普遍化的，甚至就可以说是"可普遍化原理"在另一层次——实践而非证明的层次上的一种面对面的祈使句式的表述。它是把自己与其他所有人都置于一个平等的地位之上，而"可普遍化原理"的核心精神实际上也就是：第一，只有所有人都遵循的行为准则才真正称得上是行为法则、规律、规范；规范必须具有一种一致性。第二，所有人的道德地位都是平等的。一个人的行为准则因其在类似情况下的一致性才可称为"准则"。同样，一个人（尤其是现代社会中的人）不能说他在某种情况下采取的行为准则，别人却不能在类似的情况下采用，否则，就要陷入某种自相矛盾。这就等于说，类似的人在类似的情况下所履行的某一行为，既是正当的（对他自己而言），同时又是错误的（对所有别人而言）。

我们也可以分别地来论证"四不可"这四条行为规范。从它们本身来说，它们都是作为禁令出现，它们都没有提出什么特别难于做到的、非常积极和正面的要求。它们在普遍化上不会遇到什么障碍，不会构成什么逻辑上不可设想的矛盾。重要的还在于：作为禁令，它们所禁止的行为或行为准则（或者说它们的逆命题）恰恰都是绝不可能被普遍化的。有关说谎、许假诺言的行为准则不可能被普遍化，已如前述，所有人都可"杀人""盗窃""奸淫"之行为准则不可能被普遍化，也是很明显的，因为即便此类准则不成为一个普遍义务，而只是一个普遍许可，也可能很快就会像"无诺可许""无人可骗"一样，世界上就会"无人可杀""无人可淫""无物可窃"，从而也就无所谓"杀人""强奸"和"盗窃"了。它们就将自己取消自己，自己将自己挫败。而"四不可"的规范实际上只是作为这些绝不可能普遍化的准则的否定和排除存在，这时候它们也就成了一种普遍义务——当且仅当行为者不可能希望它的对立物成为普遍法则的时候[1]。

自然，"可普遍化原理"只是检验和论证道德规范的一个必要条件，而并不是一个充分条件。如果它是的话，规范伦理学的任务也就终结了。正因为不是，它才成为伦理学的疑问、困惑，也为展开和应用留下了广阔的空间。它实际上只是一个形式的条件，一个逻辑的要件，而且，它起作用的范围和方式也受到人类社会历史条件发展的影响。它只是在近代进入相对平等、民主的社会时，才开始占据一个突出地位。在传统等级社会中，常常是德性学、人格伦理学占据优势地位（但以为这类伦理学中不含规范却是一种误解，只是这些规范相对于力求完善和高尚的人格与德性是第二位的而已）。这类德性、人格伦理学实际都隐含有一种优越的精英论的色彩，但这种伦理学倒也是适合当时的精英等级社会。而康德力倡的规范伦理学则具有一种平民伦理学、公民伦理学、大众伦理学和同时顾到少数和多数的人人伦理学的色彩（当然也是它恰恰不仅能给多数，也能公平地给各种各样的少数一种最好的保护）。所以，在近代以来趋向平等的社会中，规范伦理学占据主导地位并非

---

[1] 参见[美]弗兰克纳《伦理学》，关键译，生活·读书·新知三联书店，1987年版，第68页。

偶然。

也正是因为"可普遍化原理"只是论证道德规范的一个必要条件而并非充分条件,我们依据"可普遍化原理"的论据虽然很有必要,但也是不充分和不完全的。"全球伦理"的论据不会是单一的,单一就未免薄弱,而它是否还有找到其他方面论据的可能?

三　"卑之无甚高论"

我们通过"可普遍化原理"涉及的是形式的、逻辑的论据,但是,正如罗尔斯所言,仅仅在逻辑的真理和定义上建立一种实质性的正义论显然是不可能的[1]。罗尔斯"原初状态"的设计是一种诉诸普遍性的论据,被假设进入原初状态的选择者,实际上是代表所有人在选择一种正义的社会安排,为此,甚至一切特殊的、可能引起分歧的信息都在"无知之幕"后被隐去。但是,在罗尔斯看来,仅仅这样一种虚拟和封闭的逻辑论证显然还是不够的,还需要有一种更大范围内的"反省的平衡"(reflective equilibrium)的论证,即将"原初状态"的解释与人们通常所持有的正义感、正义信念以及经过深思熟虑的判断(considered judgements)进行反复对照和互相修正,这种

---

[1] [美]罗尔斯:《正义论》,何怀宏等译,中国社会科学出版社,1988年版,第47页。

"经过深思熟虑的判断"亦即一般人在信息相对比较周全无误的情况下通常会作出的判断,在一个比较合理健全的社会里,通常也是这个社会里比较占上风的判断。

当然,一种经由人们的道德感和道德经验形成的道德常识,也并不是完全可靠和总是准确的,而且,常识整个说来也不是始终不变的。伯林曾经谈到某些权威的政治哲学著作的意义:它们能在大的范围内使某些似乎是奇谈怪论的东西变成老生常谈,或者,反过来把老生常谈变成奇谈怪论。这往往就意味着理论学术上的"范式"转变。但是,这里所说的常识尚非根本的道德常识。常识实际是按其性质和重要性、按其内涵与外延的不同而区分成不同类型和层次的,有道德的常识和非道德的常识:前者涉及行为价值和品格的善恶正邪,后者则与善恶正邪无关。各类常识中也有基本的常识与非基本的常识之分。那些非基本的常识,包括非基本的道德常识,可能是随着社会的变迁而经常发生变化的。例如,知时令和辨菽麦是以前农业社会中人的常识,而会使用电脑就可能是信息社会中人的常识。道德常识无疑一直是常识中较重要的一类,但在这些常识中仍有基本的与非基本的之分。一些非基本的道德常识,如行为举止怎样才算比较符合道德礼仪,在一个变化甚速的社会里可能是经常变更的。但是,一些最基本的也是对人类最重要的道德常识,却是不容易发生变化的。或者说,它们即使有时遭到破坏、扭曲和否定,也会顽强地重新恢复自身,重新得到多数人的肯定。

而在我看来,"全球伦理"所提出的"己所不欲,勿施于人"和"四不可",正是这样一些最基本的道德常识。"全球伦理"提出的四条不可取消的规则——"不可杀人""不可盗窃""不可撒谎""不可奸淫"——是如此平常,这些禁令差不多都明文载于各国法律,妇孺皆知,违反必罚,何必要再三重申?它所针对的主要是群体,尤其是国家。常识也还是得常常讲,不讲就容易忘记,20世纪就有许多这样惨痛的教训。那么,是什么原因使人们容易忘记这些作为人类共存之道,本来应当如食物、布帛一样须臾不可忘记的常识呢?当然是各种各样的利己主义,尤其是各种国家、民族、种族、阶级的利己主义,以及由这种群体利己主义制造出来的各种"理由""理论"。个人的利己主义总是不太好见人的,而群体的利己主义却可能冠冕堂皇。它有时还可能掩盖自己的群体利益,而且开始可能确实是为了某种"整体利益",后来却走向异化。另外,正是在群体中,一个人容易丧失自己的健全常识,群体使自我中心的思想膨胀,即便有一些清醒者,有时也无法抵挡。总之,一是虚假的"群体",一是虚妄的"理论",最容易歪曲人们的健全常识。

20世纪是一个比较特殊的世纪,尤其对中国来说是这样。20世纪的中国社会发生了天翻地覆的变化,人们的道德观念也发生了一些根本的变化。一些似乎很有说服力和动员力的新"理由"、新"理论",动摇了一些千百年来人们接受和承认的道德常识。"不可打人和杀人",然而,如果对方是"十恶不赦的阶级敌人"呢?有的理论推到极端,甚至造成了大规模的斗人、打人和杀人。在这里,我想引用一位"文革"亲历者的经验来说明这种"理论"与常识的对立。《血统——一个"黑五类"子女的"文革"记忆》的作者艾晓明是唐生智的外孙女,"文革"来临时十几岁,她多么想献身革命,但自然被拒之门外。作为"历史反革命"的女儿,她被命令参加父亲的批斗会,看着父亲挨打;一个年轻人打了她已经八十多岁的外公;她在家里也会和弟弟打架。她妈妈被办学习班了,不能回来,只好给她们写长长的信,劝她们千万别打架,而她妈妈当然更担心自己的丈夫被人打死。二十多年后,作者在回忆中写道:"大人不能打小孩,姐姐不能打弟弟,小孩也不能打大人,弟弟也不能打姐姐。……儿女更不能打父母,青年决不能打老人。……我妈头脑简单,特别简单,她就认简单的道理。"然而,"打人的人不觉得他打了老人,打了老师,大逆不道,泯灭了天良,打人的人以为他打的是反动、敌对,是一种思想、一种观念,打的不是人,是披着人皮的妖魔,是通过人皮打妖魔,故而要把他打翻在地,还要再踏上一只脚,叫他永世不得翻身。可挨打的是人皮,人皮是不经打的,一巴掌打下去,血液要迅速集中,那里会红会肿会淤血会青紫。要是一拳砸一脚踹、棍棒交加,人皮伤透了伤筋骨,伤着了要害就真是永世不得翻身了。不懂打的是人皮的还兴许有救，以打人皮为乐的就是野兽了。我妈根本反对打人，不管你打的是思想还是人皮。偏偏人家当着她的面打反动思想打阶级敌人打我爸。那会儿我们全都变了，跟现在我们太不像了，只有我妈，只有我妈是恒常的，不太变的，妈还是妈"。[1]

当许多有知识、有文化、有名望的人被某些理由、理论"疯魔"时，一些基本的道德常识却仍然保存在许多普普通通的人那里，尤其保存在一些看似柔弱，作为母亲、妻子、女儿的女性那里，保存在许多目不识丁的乡人，尤其是老人那里。所以，当时一些在城里被斗得死去活来的人被遣送回乡，反而得到了一些放松甚至解脱，感受到了一些人间本来应该有的正常温情。

当然，有各式各样的理论，有的理论是尊重基本常识的，而有的理论却是与基本常识敌对的。我不希望伦理学理论与基本常识敌对，哪怕它因此没有丝毫的高远玄妙、慷慨激烈，也缺乏魅力和震撼力。英国艺术史家贡布里希在一次采访中说："我不想要一种方法，我只需要常识（common sense）！这是我的唯一方法。"[2] 在他的艺术史研究中，他非常朴素地理解艺术家及其艺术作品。我也愿意这样朴素地理解"伦理"，而且，这样

---

[1] 艾晓明：《血统——一个"黑五类"子女的"文革"记忆》，花城出版社，1994年版，第156—162页。

[2] [英]贡布里希：《艺术与科学》，范景中译，浙江摄影出版社，1998年版，第121页。

去理解"伦理"的理由比这样去理解"艺术"的理由更多。

在我看来,"全球伦理"诉求的也就是这样的基本道德常识,它本身也在这种诉求中得到证明。以"不可杀人"为例,在现实生活中,刑事犯中,个别的杀人毕竟还是少数,而国家与民族间的战争造成了大量的受害者。因而"不可杀人"的禁令首先就要求尽可能地避免战争,如果战争已经无法避免,也应当尽可能地不去伤害平民和无辜者。20世纪因这基本常识被混淆和忘记,已导致了足够多的战争。在19世纪,有记录可循规模最大的一场国际战争是1870—1871年的普法战争,大约死亡了15万人。而在第一次世界大战中,凡尔登一役死伤即达100万人。一次大战使英国几乎失去了整整一代人——50万名30岁以下的男子在大战中身亡。"一战"总共丧生人数是1000万,而"二战"更达到约5400万。苏联、波兰、南斯拉夫三国,都损失了当时本国全部人口的10%—20%,而中国及德、日、意等国,则损失了4%—6%的人口。战争在20世纪如霍布斯鲍姆所言,变成了"总体战"(total war),变成所谓"人民战争",战争也走向了"民主化"。战争的武器或手段有了最高速的进化,变得越来越不分前方和后方,也不分军人和平民。"简单地说,进入1914年,人类从此开始了大屠杀的年代。"[1] 为什么人类"进步"到了20世纪,战争反而会变得如

---

[1] [英]霍布斯鲍姆:《极端的年代》,郑明萱译,江苏人民出版社,1998年版,第34页,并参见第一章"全面战争的年代"。

此频繁和残忍呢？

据甘阳的一篇文章介绍，1995年，美国自由主义政治哲学家罗尔斯发表《广岛五十年》，认为美国当年对广岛核轰炸是"罪恶滔天"。当时美国知识界和舆论界曾为此展开了一场大辩论，结果是社会各界压倒性地否定核轰炸，迫使美国联邦邮政总局收回发行纪念所谓"核胜利"五十周年的纪念邮票。罗尔斯的文章批判了在战争问题上的两种虚无主义论点：一种是认为战争就是下地狱，因此任何事都可以干；另一种则是认为战争中人人都有罪，因此无人有权指责他人。在罗尔斯看来，这两种虚无主义论点都足以瓦解文明社会的全部基础，因为文明社会的全部根基即在于：在任何情况下都必须作出道德的权衡，即什么是可以做的，什么是不可以做的（这显然是一种义务论而非目的论、效果论的观点）。而罗尔斯所要提出的中心问题就是：一个自认为是自由民主的国家在战争中所必须遵守的正义原则和道德约束是什么？他强调广岛、长崎的两次核轰炸，而且在此之前美军对东京等城市的轰炸，都是极大的罪恶，因为这逾越了一个民主国家在战争中所应遵循的正义原则和道德约束，亦即逾越了战争不应以平民为目标这一最基本的道德约束。尽管盟军在"二战"中是正义的一方，但罗尔斯等都强调，从汉堡、德累斯顿到东京，再到广岛的轰炸，仍然是极大的罪行，不能在道德上被辩护。而美国之所以会做出在广岛投掷原子弹这一疯狂行为，其前提是一种新的战争观在此之前已经形成，这就是轰炸城市、轰炸平民已经成了战争的常态[1]。

我们从上文可以看出，一些人使国家军事力量逾越不杀害平民的基本道德约束的几个"理由"和观念：第一是认为在战争中什么事都可以干，谁也无权指责别人的道德虚无主义；第二是视轰炸城市和平民为战争常态的新的战争观；第三则是认为己方所进行的是正义的战争，故而什么手段都可以采取。然而，在战争中，哪一方不认为自己是正义的一方呢（或至少这样告诉自己的人民）？

当然，就事论事，我们可以说，第一，罗尔斯能够对自己国家的行为公开进行批判和反思，明指其为"滔天罪行"，并得到广泛支持，甚至政府机构也收回纪念邮票，可能恰恰说明这一自由民主制度的自我反省和改错能力[2]。第二，作为自由主义政治哲学家的罗尔斯的批判，所依据的也仍然是一种自由主义的义务论逻辑，而不是一种反自由主义的理论逻辑，这也说明自由主义本身的批判力，以及自由主义恰恰可以也应当主要被理解为一种道德底线，反对和批判轰炸并不像有些论者所认

---

1 我首先在互联网上看到了这篇题为《自由主义与轰炸》的文章，其文本首刊于《明报》，又被《天涯》1999年第4期和《读书》1999年第7期转载。这篇文章提供了一些很有意思的材料，但在我看来，却并不能由这些材料引出作者那种义愤填膺的结论。

2 这种对自己国家的行为的公开批判你换个地方试试？而且，这种道义批判又确实应该从自身开始。

为的那样，意味着自由主义或其制度的破产。第三，并不能因这些轰炸是一种罪行而从总体上否定这场反法西斯战争的正义性质，否定当时相对于德日的美英是站在正义的一方。真正的问题在于：即使是正义的一方，其战争行为也仍然要受到不能杀害无辜者、杀害平民的道德约束。这还意味着，不能够以这样做能加速战争的胜利、减少己方的牺牲来证明这一行为的正当[1]。"不可杀人"（在这里是"不可杀害平民妇孺"）应该是一个不以目的效果为转移、不可取消的道德禁令。无论如何，如果"尽量避免伤害生命"变成一个真正放在首位起作用的原则，优先于诸如"取胜""本国利益"之前，那么就可构成对这类轰炸行为的一道屏障。所以，"可普遍化原理"尤宜应用于国家与国家、民族与民族之间，行为主体并不因由"个人"变为"群体"而有何变化，群体利己主义像个人利己主义一样不能够普遍化，"所有人都是人，而不论他属于哪一个民族、是哪一个国家的公民。""不可杀人"的常识更应该在群体的层面努力落实。

---

[1] 霍布斯鲍姆说："而就比较长期的影响而言，民主国家的政府为了爱惜自己国民的性命，却不惜将敌方百姓视为草芥。1945年落在广岛、长崎的两颗原子弹，其实并不能以求胜为借口，因为当时盟国得胜已如囊中取物。原子弹的真正目的，其实是为了减少美军继续伤亡。"可见民主国家要顺应本国的民意，有时在国际关系中反而比威权国家更短视、更斤斤计较于本国的利益，如果再加上对其他民族的特性的无知和盲目自大，很容易酿成极大的错误。参见《极端的年代》，第38页。

以上的例子说明，尽管人们广泛地认同一些基本的道德常识，但它们仍然容易被遮蔽或歪曲。"全球伦理"正是基于对20世纪历史的反思，强调了一些我们不应忘记的道德常识。在一个理论横行、概念可以杀人的年代里，我们有必要捍卫某些基本常识，例如"人挨打就会痛，流血多了就会死"之类。有些人在谈论战争时动辄说要打大仗，甚至打一场超限度的、不遵守任何规则的战争，只要能够有效或者取胜，就一切都在所不惜。这些人似乎忘记了一个简单的常识：战争都是要死人的，要大量地死，不仅对方死，己方也要死，那些人不是纸上的数字，而是活生生的人，他们可能就是你的亲人和朋友，是你的同胞，或至少同类。所以，古代中国人常以哀婉的态度对待和处理战争，是不无道理的。当然，这种态度并不妨碍在面对那种被强加的、无可避免的战争时的勇敢和坚毅。

无论如何，两次世界大战的惨烈后果还是使后来人有所约束。20世纪前半叶的重要战争差不多都是总体的、全面的、不宣而战的，中间没有任何妥协的，而20世纪后半叶至少没有发生世界大战。在近十年里我们也看到，战争相对来说已变得有所克制，有了比如说是预先警告、先礼后兵、目标有限、战争进行时仍不关上谈判的大门，而中间容有妥协的局部战争，这毕竟是一点进步。但愿人类在新的世纪里能保持和扩大这一进步的趋势。

自然，常识在应用时会遇到许多具体问题。仅靠常识也是不够的。常识还具有某种惰性，它有时的确需要与一种建构的、变革的理性相偕而行。但是，坚持一些最基本的道德常识有助于我们守住道德的底线、做人的底线，它们应当是我们在道德选择中予以优先考虑的。而"全球伦理"提出了一个帮助我们决定应当优先考虑哪些东西的文本。今天，我们确实面临某些困境，在这个时代，有些最基本的常识被扭曲了。但它们不会被长久地扭曲，我们应当也能够做一些恢复清明理性、捍卫健全常识的工作。

四 "惊人的一致"

在一次讨论"中国传统伦理与世界伦理"的学术会议上，有学者谈到了"全球伦理"提出的原则规范与历史上和现实中的各宗教、各文明的戒律、原则的"惊人的一致"，后来，这句话也被写入了与会学者共同签署的《会议纪要》中。

不同版本的全球伦理宣言的起草者，如孔汉思、斯威德勒等，也注意到了这种"惊人的一致"，发现它们"早已存在于人类各个伟大而古老的宗教与伦理传统之中"，所以现在所做的工作实际上主要是强调和重申。

确实，在这些最基本的对待自己的同类、同伴或同胞的态度上和行为规范上，尽管历史上各文明、各宗教长时期里都是各自隔绝、独立地发展的，却都不约而同地形成了一些一致的原则和禁令。它们可视为各文明、各宗教伦理的共同核心，是一个互相重叠一致的"最小同心圆"。"己所不欲，勿施于人"的道德原则在古代波斯的琐罗亚斯德、耆那教的创始人筏驮摩那、佛教创造人释迦牟尼、印度史诗《摩诃婆罗多》、圣经《利未记》、圣经次经《多比传》、耶稣（见《路加福音》《马太福音》）、犹太教义的主要创立者希勒尔、伊斯兰教的创传人穆罕默德以及中国儒家的创始人孔子那里，都有着相当一致的表述[1]。

---

1 我们可以大致按时间先后，来看一下"己所不欲，勿施于人"（或其肯定表述）这一基本的人与人相与之道在各文明、宗教传统中的类似表述：
1）古代波斯的琐罗亚斯德（公元前628—前551年）："对一切人、任何人、否认什么人都是好的东西，对我就是好的……我认为对自己是好的东西，我也该认为对一切人都好。唯有普遍性的法则才是真实的法则。"（《神歌》43·1）
2）儒家创始人孔子（公元前551—前479年）："己所不欲，勿施于人。"（《论语》，"颜渊第十二"；"卫灵公第十五"）
3）耆那教的创始人筏驮摩那（公元前540—前468年）："人应当到处漫游，自己想受到怎样的对待，就应该怎样对待万物"（《苏特拉克里—坦加》1·11·33）。"你认为该挨打的，除了你自己以外便无任何人……因此，他既不对别人施加暴力，也不让人施行暴力"（《阿卡兰苏特拉》5·101—2）。"人应当对此世的事物无所用心，但对待此世的一切生灵，应该像自己想要得到的对待那样"（《克里檀戛经》1，11，33）。
4）佛教创造人释迦牟尼（公元前563—前483年）："以己比他曰，我如是，彼亦如是，彼如是，我亦如是，故不杀人，亦不使人杀人"（《经集》705）。"我既爱生而不欲死，喜乐而不欲痛。设若有人欲取吾命……。倘我取其命而其爱生……。我岂能加之于人？"（《相应部》第353卷）
5）印度史诗《摩诃婆罗多》（公元前3世纪）："毗耶婆说：你自己不想经受的事，不要对别人做；你自己想往渴求的事，也该希望别人得到——这至于"不可杀人，不可盗窃，不可说谎，不可奸淫"的禁令，更是广泛地见之于各宗教、文明、民族、种族、部落的戒律之中，试举例如下：

    1. 犹太教、基督教文明的"摩西十诫"涉及人与人关系的后六条是：须孝敬父母；不可杀人；不可奸淫；不可偷盗；不可作假见证陷害人；不可贪恋别人妻子财物；

    2. 耆那教的"五戒"是：不杀人（非暴力），不欺诈，不偷盗，不奸淫，戒私财。

就是整个的律法；留心遵行吧"（《摩诃婆罗多》"圣教王"113·8）。
6）圣经《利未记》："不可报仇，也不可埋怨你本国的子民，却要爱人如己"（《利未记》19：18）。
7）圣经次经《多比传》（写于公元前200年左右）："你不愿别人对你做的任何事情，都不要对别人做"（《多比传》4：15）。
8）拉比犹太教义的主要创立者希勒尔说，"金规"乃是托拉（律法）的核心；"别的一切都不过是评注"："你不愿施诸自己的，就不要施诸别人"（《塔木德》，安息日，31a）。
9）耶稣："你们愿意人怎样待你们，你们也要怎样待人"（《路加福音》6：31）；"你们愿意人怎样待你们，你们也要怎样待人；因为这就是律法和先知的道理"（《马太福音》7：12）。
10）公元7世纪，穆罕默德据称曾宣布"金规则"为"最高贵的宗教"："最高贵的宗教是这样的——你自己喜欢什么，就该喜欢别人得什么；你自己觉得什么是痛苦，就该想到对别的所有人来说它也是痛苦。"还有："人若不为自己的兄弟渴望他为自己而渴望的东西，就不是真正的信徒。"
以上材料主要来自斯威德勒《走向全球伦理普世宣言》的"附记"，以及陈筠泉参加"普遍伦理"国际会议的论文《伦理传统中的黄金规则》，又见《全球伦理》，第149—151页。

3.佛教的五戒是：不杀生、不偷盗、不邪淫、不妄语、不饮酒。

4.道教与佛教的戒律基本相同，如《太上老君戒语》规定的"五戒"为：第一戒杀、第二戒盗、第三戒淫、第四戒妄语、第五戒酒。

"杀人""盗窃""强奸"以及造成伤害他人利益严重后果的"说谎"也普遍地为各国法律所禁止，甚至在原始人的法典中亦同样如此，只是适应的范围有所不同，在一些较早的部落、族群中，对于"人"或者"同类"的理解，还往往局限在本部落和族群之内。

这说明"全球伦理"所提出的原则规范并非别出心裁的创造，而只不过是千百年来流传下来的基本社会习俗和戒律的重申，这些原则规范得到了千百年来各文明、各民族生活经验的无数次验证，人们是否能够普遍地遵循这些规范对于各文明、各民族常常是生死攸关的，就像今天已共居于一个"地球村"的人类是否能尊重和遵守这些最基本的规则，对于人类也是生死攸关的一样。人类之所以延续到今天，之所以仍存于地球，不能不说是主要得益于人类无论如何还是基本上遵循了这些规则，以及人类各文明在地域上的隔离和在杀戮技术上的原始。但"全球化"使人类联为一体，杀戮技术也极大改进，今天人类的生存正面临着严峻的考验。

我很欣赏一位中国学者说的一段话：我们今天出国，并不知道许多国家的法律，有些国家的法律也是多如牛毛，你也很难弄得清楚。但为什么我们走遍世界各国都心地坦然，并不担心因违法而入狱、判刑的危险？因为我们相信，各国法律有相当一致的核心部分，而这一相当一致的核心部分，与我们了解的人类最基本的道德习俗也是相当一致的。

五　余论

总之，"全球伦理"以否定形式表述的原则规范是最起码、最低限度的，因而是能够在逻辑上被普遍化的；它们也是最基本的道德常识或者说社会习俗；是千百年来各宗教、文明、民族、种族的道德伦理法典中共同具有的最核心、最稳定的部分。因而，以否定形式陈述的"全球伦理"是可以从逻辑理性、经验常识以及历史传统三方面得到支持的。

坚持"可普遍化原理"，也就是坚持在人们所面对的境遇和行为选择中总是有类似的情况，坚持所有人在道德地位上也应当是平等的。而且，在道德上有一种寻求共识的愿望是十分重要的。如果只是强调差异乃至对立，将可能掩盖本来存在的共同点，引发或加剧冲突。而我们所寻求的"共识"也并非别的什么，而恰恰是使我们能够既保持文化和民族的多元差异而又和平共处的"共识"。当然，在这方面，还有许多细致的论证工作要做。这一原理虽然不能解决道德规范所有的论证问题，一般规范如何应用于各种具体问题更是一个广阔的领域，但它仍然是使规范得以成立的一个必要和优先的条件。我们只要承认有道德理性的存在，承认一个人在与他人和社会打交道时应该是说理的、讲规则的，那就几乎不可能不诉诸这一原理。

至于常识，虽然它们常常容易遭到有理论癖好的人的轻视，但在伦理学中却具有很重要的意义。因为它们常常不仅和千百万人的生活经验相联系，也和千百年来人们形成的某种道德"直觉"，甚至人所固有的道德"本能"相联系。我们大概不能完全否认直觉主义的某些观点[1]，我们有时确实会达到某些理性无可追溯的地方，不管是在道德感知还是在其他方面，我们都会碰到"理性不及"、论证无法再追溯的情况。我在这里想再引美国作家琼·狄迪恩对"道德"的看法，《美国学者》杂志要求作者用一种抽象方式思考"道德"，她怀疑这是否可能，但想到了许多具体的事情。比如头天遇到一个矿工在见到一个司机出车祸后，在高速公路上守了那司机的尸体一整夜，直到验尸官赶来，因为如果把尸体独自留在沙漠中，那么郊狼就会吃掉它。他和他的女友觉得不能把尸体就那么留在公路上，"那不道德"。作者由此想到，忧虑一具尸体被郊狼撕碎，

---

[1] 我希望在合适的时候重新检讨一下从17世纪到20世纪的直觉主义，尤其是英国的直觉主义传统。

尽管听来只是一种伤感的情绪流露，但实则还有深一层的意思：我们人类对同类有某种承诺，即我们将力求拯救与自己同类的罹难者，力求不将之留给郊狼。作者写道："我显然在谈一种社会习俗，这习俗通常被贬称为'老掉牙道德'。不过这倒正合其意。"狄迪恩对人们有关善恶正邪的"至善理论"颇表怀疑，对一味强调个人主观的"良心"抉择也不抱信任，但她说她非常固执地强调要尊重那些有关生存的最基本的社会习俗。虽然我们并不能完全依靠这些习俗或常识作为我们道德判断和选择的依据，但有一点可以肯定，在许多道德困境中，依据常识和习俗常常比依靠所谓"一己良知"和时髦理论更为可靠。另外，通过常识人们也较容易形成共识。

历史传统的论据在现代社会中已失去了过去的那种巨大力量，然而，它们作为以往道德理性发展的成果和生活经验的凝结，尤其是各文明之间一种"不约而同"的"道德核心"，仍将可以作为互相交往和对话的一个起点。有些学者质疑"全球伦理"，但同时也都承认各宗教、各文明应当本着宽容精神寻求和平对话。其实，这种对宽容与和平对话的要求，本身恰恰就是一种道德的要求，是一种需要最先达成共识的道德底线。难道还有什么比这更重要、更适合被称为"道德"的道德吗？

"全球伦理"是否还可以有其他的论据，比如说功利论的论据？"全球伦理"的谋划者无疑希望得到各种精神、理论和知识系统的支持，而且，"全球伦理"提出的原则规范从长远来说，无疑将给人类带来可能情况下的最大利益，或至少可以说，坚持不懈地实行它们，能给人类带来的好处肯定会超过有时可能给人类带来的不利。事实上，西方以边沁、密尔、西季威克为代表的功利论，经常是支持与义务论一样的行为规范的，甚至边沁所提出的"最大多数人的最大幸福"强调数量，乃至于功利的互计算性，虽然在可行性上有很大困难，却仍比笼统地说"人民利益""人民幸福"具有明确和具体的优点。边沁对"自然权利论"的批判也很有意义，而且西方功利主义在政治实践中，实际上是在相当程度上受到道德权利的历史制约的，所以，它实际上并没有造成义务论者所指出的按理论逻辑推演可能造成的严重危害。我们在大多数情况下也都是生活在一个功利的世界里，支持人们正当行动的论据和动力，在实践中经常并不能明确区分义务论与功利论的差异。在大多数情况下，功利论的道德看来足敷应用。

但是，功利论仍然不能作为道德行为的最后和根本的核准。仍以前面的"广岛核轰炸"为例，如果仅从功利目的和效果上看，它可能确实加速了战争的胜利结束，减少了正义一方人员的伤亡，据此能得到功利论的赞同。无论如何，站在功利论的立场上，是没有多少理由谴责它的。但它却不可能被义务论核准，因为这样的行为违反了"不可杀人"（在此是"即便在正义的战争中，也不可杀害平民、妇孺"）的禁令，甚至于假设当时的原子弹没有炸响，而后来产生了一种"核威慑"的效果反而遏制了核战争，即整个投弹没有造成什么负面效果，按照义务论的观点，做出这样的决定仍然是不正当的。真正的问题在于，是不是有某些行为或行为准则是不正当的？是不是有某些无论如何不可逾越的道德界限？如果确实代表正义的一方根据功利效果可以轻易地越过这一道德界限，那么，自认正义而实际上并不正义的一方更可能轻易地越过这一界限。在一个完全功利的世界里，如果一切以功利为最后的核准，最后甚至可能不会有任何独立的道德原则和标准。每一个人、每一个民族国家都完全可以根据自己所理解的"自身利益"或"国家利益"行事，使用任何能够推进自己的利益的手段。20世纪的许多灾难实际上皆由此来，人类目前在国际关系中也仍然没有达到更看重道义而不是更看重国家利益的状态，有时甚至落到了只顾自身利益而完全不管道义的地步。所以，呼吁一种国际正义和建立基本道德共识是有必要的，哪怕它现在的声音还很微弱，也总比把世界完全交付给竞争和冲突的利益去支配要好。由此，我们也可以看到，"全球伦理"从其最后根据来说，还是无法依靠功利论的论证。

底线伦理的概念、含义与方法

一 "底线伦理"概念的由来

"底线伦理"大致是从20世纪90年代起在中国形成、发展、流传并产生一定影响的一种伦理学理论。在我这里,其"理论"的形成或还先于其"概念"的明确提出。在1994年出版的《良心论》(上海三联书店1994年初版,北京大学出版社2009年修订版)中,我试图利用中国的传统思想资源,构建一种能够适应于现代社会转型的个人伦理学体系,这样一个转化体系当然会比较复杂,但从取向或基本性质上,作为一个现代社会成员,可以说是论述一种最基本的普遍伦理。但是,"底线伦理"这一概念当时并没有在书中直接言明,大约在1996年底,《读书》杂志主编邀我组一辑有关伦理学学科研究和理论观点的文章,我于是邀请了万俊人等三位学者阐述自己的伦理学观点,自己也写了一篇并撰按语,这就是我在1997年4月号的《读书》上发表的《一种普遍主义的底线伦理学》一文，于此，我第一次正式提出了"底线伦理"这一概念来概括我的这一理论观点。

1998年，我又应邀辑成了《底线伦理》一书，这本书收在辽宁人民出版社1998年出版的"道德观点丛书"中。《底线伦理》一书分为"个人义务"和"社会正义"两编，即还包括了底线伦理的制度正义一维。但从其主要内容来说，这本书主要是为说明"底线伦理"这一观念而收集的一些著作章节、文章和例证，其基本的原理还是在《良心论》中提出来的。当然，《良心论》还有其他的一些考虑，比如说试图用系统的观点和分析的方法，来尽量利用中国传统的概念和思想资源构建伦理学的中国话语，并在康德之后思考道德奠基的问题。但可以说，我的规范伦理学理论，亦即底线伦理成体系的观点，主要是见之于《良心论》的，对底线伦理的学理性批评我也更希望能主要就《良心论》提出。

在《良心论》中，我主要还是考虑个人义务的问题。有关制度正义的问题，我后来在研究中国社会结构的演变中，通过考察社会主要资源的分配进行了一些探讨，这见于《世袭社会及其解体》和《选举社会及其终结》两书，以及收在《良心与正义的探求》中的制度正义部分，自然还有对西方社会契约理论和罗尔斯正义理论的研究，如《公平的正义》等，以及一些散篇文章。后来我也继续在应用伦理学的一些领域阐述和论证这一观点。例如有关全球伦理的可能论据，战争伦理及生存原则如何在国际政治中起作用等,在我主编的《生态伦理》中,我考虑了行为规范、哲学理论和信仰精神的关系,如何寻求道德的共识,等等;在《伦理学是什么》一书中,我谈到了道德原则规范论证的三个可能方向等。我在对陀思妥耶夫斯基和托尔斯泰的研究中,也分别涉及了个人和群体的底线伦理,以及社会伦理和精神信仰的关系等,不一而足。从90年代晚期起,我还接受了像《南方周末》《北京青年报》等一些报刊专门谈"底线伦理"的采访,后来还在《新京报》开设了"底线伦理"的时评专栏。

这只是就我个人的研究写作与"底线伦理"的关联而言。我也相信,由于某些共享的社会氛围和思想资源,"底线伦理"或者类似的思想观点在其他学者那里也多有阐发。比如说,就在我提出"底线伦理"这一概念的1997年,中国香港有罗秉祥的《自由社会的道德底线》一书出版(香港基道出版社1997年5月初版),内地有经济学家茅于轼的《中国人的道德前景》问世(暨南大学出版社1997年12月第一版)。前者面向香港社会,主要是从自由的角度探讨了冒犯他人、冒险自损和私德堕落等自由的限度问题;后者则是面对大陆社会,从拒斥一种"君子国"的高调伦理出发,探讨了中国人的道德前景。

这种共享的社会氛围其实就是现代社会或者说向现代转型的社会氛围,所以,不仅在中国,在世界其他地方,也有类似的思想理论。尤其在西方,甚至我们可以说,从康德到戴维·罗斯、罗尔斯，早就在努力寻求一种基本的道德共识，阐述和论证一些基本的道德义务或社会正义原则，从而构成了一种义务论的强劲思想传统。特别是一场浩劫过后，往往会有"痛定思痛"之作，更为强调诸如"不可摧残生命"一类义务的基本性和绝对性。比如说，德国哲学家阿多诺在"二战"之后返回德国，就在1951年撰写出版了《最低限度的道德》（*Minima Moralia*）一书。而在法哲学领域，"二战"之后西方最具道德含义的自然法学派也开始复兴。也正是有感于20世纪充满血与火的"极端的年代"的教训，像孔汉思等学者在20世纪末提出了"全球伦理"的设想。

这就是产生"底线伦理"或类似的思想理论的社会缘由。"底线伦理"是一种社会伦理，且尤其是一种现代社会的伦理。我想，在批评底线伦理的时候，不可不察这样一种社会的基础或背景，而不只是做一种纯概念和逻辑的批评。如果认可从传统社会到现代社会有一根本的转变，那就不难理解伦理学的中心问题乃至"伦理""道德"这样的基本概念都发生了一种重要的转变。但这一转变并不是说都能很快为大家所接受或普遍认可。所以会有下面两种看似不同、其实源出为一的现象：有些学者批评底线伦理太低，自我设限，不够完整，不够崇高，也不能全面地指导人们的生活，尝试保持传统规范伦理学的研究重心，或者说扩大伦理学的研究范围，这样一些批评多是来自伦理学界的内部；还有一些伦理学界以外的学者，大致也是受传统的"道德"概念影响，以为伦理是对至善的追求，多是讲个人的价值观念、生活方式和修身养性，所以，当他们在谈到比如说要保障生命、维护和平与安全的"社会秩序的底线""文明底线"，或者说主张不同文明或民族国家之间应当通过平等对话而不应用武力和强制来寻求一致时，并没有意识到自己其实也是在讨论基本的道德底线，从而无意中将伦理学逐出自己的研究范围。这两种看似不同的倾向，其实是共享着同一种传统的"道德"观念。而追求一种过分庞大，甚至想无所不包的伦理学体系，有可能使我们恰恰忽略了当今社会最重要和最迫切的道德问题。

总之，"底线伦理"在20世纪90年代的中国提出，并非偶然，可以说它既是对诸如"文革"一类劫难的反思，又是对新出现的市场经济和社会转型带来的各种严重问题的反应。也可能正是因此之故，它不仅在伦理学界，也在其他像法学、社会学、经济学界，以至社会上的政界、商界等产生了一定影响，或者说，兼具现实感和责任感的一些人在相当程度上会具有类似的思想倾向，比如说社会学家孙立平，近年非常关注捍卫社会的生存底线；又如温家宝在北京师范大学看望学生时勉励他们面对诱惑时要坚守住"道德底线"，朱镕基在给国家会计学院题词时，只写了"不做假账"四个字。"不做假账"似乎不是很高的道德要求，却还是颇不易达到的道德底线，不仅需要有职业伦理的个人努力，还需要有制度和社会氛围的改善。

二 "底线伦理"的基本含义

具体分析"底线伦理"这个概念,"底线"自然是一个比喻的说法,这个词有其比较鲜明乃至强烈的色彩,表示一种"很基本的"或"最重要的"含义。记得大约十年前,《北京周报》英文版在报道对我的一次采访时,曾径直将"底线伦理"译为"bottom-line ethics",但这可能并不是太准确,还不如译为"minimalist ethics"或"moral minimalism"庶几近之。"minimalism"在伦理学中常被译为"最小主义",在艺术理论中常被译为"极简主义",它也不是很好的名称,但毕竟能顾及在中西伦理思想交流中的一种呼应。但我想,我们可能不必太拘泥于概念,而是主要抓住底线伦理的基本属性和两个特征:第一,它是一种普遍主义的义务论;第二,它是一种强调基本义务的义务论。

底线伦理首先是一种与目的论或后果论形成对照的义务论(deontological theory),虽然在我这里是一种比较温和的义务论。它主张行为或行为准则的"正当"(right)并不依赖于行为的目的或结果的"好"(good),而是主要根据行为或行为准则的性质,这并不意味着道德评价和选择不要考虑行为的后果,而是说正当与否的最终根据不在行为后果而在行为或行为准则本身。

至于说底线伦理是"普遍主义"的,则如罗尔斯所说,原则的普遍性主要是指它是普遍地适用于所有人的,是同等地要求所有人的,不允许有任何"主体的例外",即不允许有任何专制者或逃票者的例外。不论是什么人,都不能够无所不为;不管是谁,都要受同样的一些道德规范的约束。这就还意味着我们应当从一种普遍的、一视同仁的观点引申出道德的原则规范,意味着的确存在着具有某种客观普遍性的道德原则规范,意味着我们还应当努力寻求对这样一些原则规范的尽量普遍和广泛的共识。

至于说"基本义务",这主要是指这种普遍主义的伦理不再把人们对"好的生活"或"至善理想"的价值追求纳入道德原则规范的范畴之内,这样,它在道德约束的范围上看就是缩小了,在道德要求的程度上看就似乎是降低了,就像是一种"底线"的伦理。但正如我经常讲到的,这并不意味着在"底线伦理"中就没有"崇高"。底线伦理的确是大多数人在大多数情况下不难做到的,但在有些特殊处境中却还是难以做到甚至很难做到的,在这种情况下仍然坚持履行基本义务就体现出一种崇高,而且我认为是一种最值得推荐和赞美的崇高。甚至价值和精神追求的崇高,也最好从履行基本义务开始,或至少不违反基本义务。而且,由于面对的是基本的义务,道德要求的强度倒可以说是加大了。

和传统伦理相比较,现代伦理带来的这种变化,是因为现代伦理的"伦理"或"道德"的概念改变了。现代"伦理"观念集中指向于具有社会意义、会直接且严重影响到他人和社会的行为、制度，不再把人们对完善的追求或心灵的至高境界视作道德的规范和要求，而是将这些追求交给了个人可以自由选择的人生哲学或宗教信仰。底线伦理当然也要讨论有关人格、德性和至善的问题，但不是作为中心的问题、第一位的问题，第一位的问题是道德义务及其根据的问题。至于人格、动机、道德心理学等问题主要是在第二层面，即道德践履的层面。这两个层面或两个领域的划分非常重要，我们或可在以后详加探讨。总之，"底线伦理"是指基本的道德义务，或者说基本的道德行为规范。它意味着某些基本的不应逾越的行为界限或约束。如果社会上的人们越来越多地逾越这些界限，这种"恶的蔓延"就很可能造成社会的崩溃。由于这种基本性，它的确还有一种"最后的""不可再退"的临界点的含义，这样，它在我们道德要求的次序上倒应该是"最先的""第一位的"。

而"基本义务"与"普遍主义"两者可以说是紧密联系在一起的，甚至可以说是一而二、二而一的："底线"就意味着一种普遍性，这种普遍性是"底线伦理"的题中必有之义。"底线"意味着我们共有的生活基本平台和社会生活的道义基础；而"普遍"一定是最小范围内的"普遍"，意指某些基本义务的普遍约束。如果将其范围提高或扩大到价值和生活方式，或者把具体的"权"的一些选择规则也提升为"普遍伦理"，就有变成强制或霸道之嫌。

严守道德底线自然需要得到人生理想的精神支持，而去实现任何人生理想也应受到道德底线的规范限制。两者是可以而且需要互补的。如果有论者希望将底线伦理和其他终极价值联系起来，或者探讨一种核心或主导的价值，自然也是一种有意义的探讨，我乐观其成。但我想强调的是，底线伦理不应是从其他价值引申出来的，它的根据并不在其他价值，它和其他价值的关系也不是一种由低向高的直接上升的关系，而主要是一种支持或相容的关系。而且，这种广泛的探讨需要特别澄清概念，谨慎地使用合适的概念，否则很容易变成一种将不在一个话语系统里的、各种含义很不同的概念杂拌在一起，却缺乏真正的思想和逻辑联系的拼盘。

总之，我认为"底线伦理"这一概念还是足够清楚和鲜明的，颇能通俗地概括一种基本和普遍的义务理论。但也不必太拘泥于这一个概念的字义，概念只是概念，如果没有能够支撑起这个概念的理论，它就很可能流为一个空洞的口号。而理论还要看其是否能够形成一个比较融贯自洽和系统观照的体系，以及它是否有比较充分可靠的理据和分析论证，能够经得起一些重要的批评。而且，如果不仅要面对一般的现代性问题，还有中国的特殊问题，来构建一种具有中国特点的现代伦理学体系，恰当的思考和论证方法就是十分重要的。所以，下面我想主要围绕和引证我的底线伦理观点的一个早期思想文本——《良心论》，来概述一种依托于中国传统概念和借鉴西方分析哲学的思想方法。

三 传统概念与分析方法

我在《良心论》中所用的方法并非一种构建底线伦理的普遍方法，大概也没有这样一种方法。底线伦理是具有普遍意义的，而探讨它的方法却可以是多种多样的，虽然如果要利用传统的伦理思想资源，大概都要面临我在《良心论》中所做的一种分析和剥离的工作。而我的确是试图在《良心论》中尽量地使用中国的传统概念和思想资源，试图在西方概念几乎是笼罩性的影响之下破茧而出或另辟一径。虽然西方观念近代大举进入中国之后，给中国的思想学术带来了簇新的气象，但也日益显示出它们容易遮蔽我们自己的问题意识和传统的智慧。我在《良心论》中对近代中国思想学术史有一个批评，其中的《跋：有关方法论的一些思考和评论》，实际就类似于一篇微型的近代中国学术思想史评。在这篇"跋"中，我认为近代以来的中国思想学术虽然取得了丰硕的成果，但也有不少不尽如人意之处。我认为乾嘉以来的传统考证学术，主要精研的是学问类型，但非思想性的工作；新文化运动以来胡适等所代表的新思潮，有新思想但欠系统；当代海外新儒家的哲学，有创意、有系统但缺乏分析。我谈到，我追求的一种思想学术工作，希望是一种面对现代中国真实问题的，以一种系统的眼光去考察并希望形成对这些问题的一种系统看法的,致力于不断限制、恰当区分和条分缕析的思想。

我在《良心论》中,主要的或第一级概念都是使用传统的概念,它们所构成的正文八章是:第一章"恻隐";第二章"仁爱";第三章"诚信";第四章"忠恕";第五章"敬义";第六章"明理";第七章"生生";第八章"为为"。这些概念并不是孤立和分散的。我希望对这些概念的分析和论述持一种系统和联系的眼光,因为我想通过联结这些概念构建一种现代社会的个人伦理学。在"绪论"中,我试图通过一种中西伦理学在良心理论方面的历史的、比较的导引,说明我的一个观点:传统良知理论以至传统伦理学无法直接成为现代社会的伦理。正文的八章则又分成四个部分,并在每一部分都有一种两两对应。这样,前两章就是探讨在我们的传统中常被视为良知或道德源头的两种感情:"恻隐"与"仁爱"(主要是五伦中的"亲亲之爱")。第三、四章是从内在的角度探讨两种对现代社会来说最有意义的基本义务:"诚信"与"忠恕"。第五、六章则又上升到一般的层次:分别探讨良心对义务的情感态度和理性认识,即"敬义"与"明理"。第七、八章则转而探讨良心的社会根据和个人应用,即"生生"和"为为"。其中"敬义"与"明理"是全书比较关键的部分,尤其"明理"一章集中说明了我对转化传统道德理论路向的基本看法,即首先要从自我取向的前提观点转向社会取向的前提观点(即由"为己之学"

转向"人人之学"），从特殊观点转向普遍观点，如此才可达到社会道德义务体系的平等、适度和一视同仁。

总之，我尝试构建的这种个人伦理学是试图以恻隐、仁爱为道德发端之源泉，以诚信、忠恕为处己待人之要义，以敬义、明理为道德转化之关键，以生生、为为为群己关系之枢纽。比较具体地说，我认为，一个人的道德动力的"发端"从根源上说是来自恻隐，而努力方向的"发端"传统上是由近及远的仁爱，恻隐和仁爱也最显中国传统伦理的特色。至于谈到现代社会成员的基本义务，我认为一个人的基本立己之道是诚信，如此才能既保证自身的一贯和完整，而又达成一个守信互信的社会；而一个人的基本处人之道则是忠恕（和"宽容"最接近），如此才能保证价值趋于多元的现代社会的稳定结合与发展，也奠定现代人的一种基本人格。为此，再回到一般的情理层面，我认为一个现代人的道德情感应当主要是对义务的敬重；他的道德理性则应立足于一种普遍而非特殊的观点，这种从特殊到普遍的观点的转换对传统道德过渡到现代伦理来说至为关键。最后的两章则主要是探讨个人与社会的关系，我认为不仅个人伦理，乃至整个道德体系的社会根据和基本原则，应当是一种生命原则——这一原则是可以打通个人义务与社会正义、个人伦理与制度伦理的；至于个人对社会的态度，个人与社会的距离与关系，虽然具体的处理将因人而异，但基本的态度则是积极有为而又为所当为。

的确，这种个人伦理学的基本倾向是义务论的，且是强调最基本的义务，所以，我后来将其性质界定为"一种普遍主义的底线伦理学"。它自然是深受西方近代以来的义务论伦理学，尤其是康德道德哲学的启发。但在某些方面，我也脱离了康德的路径：我也许不是那么强调理性以及理性的绝对性，而是也考虑到人，考虑到人性，考虑到人除了作为理性存在之外还具有的复杂性，以及人类内部人与人之间的差别性，尤其是在第二层次的道德实践而非第一层次的道德根据的领域——比如说在对诚信义务的践履中，我对人们是否在任何情况下都要绝对履行这一义务心存疑虑，因为这里还有基本义务可能冲突的问题。更重要的一点不同是：在谈到道德情感的问题时，我除了强调对义务的敬重之情，还特别强调孟子所点出的一种普遍的恻隐之情。这种感情不仅可以进一步解释人为什么会对道德发生一种关切，人为什么会有一种道德的最初动力，还可以解释道德的一个根基问题，即道德在人那里尤其是在个人那里的根基是什么，人为什么要有道德也能有道德的问题。对于这个根基问题，我认为中国古代思想家比西方近代思想家有更好的理解和阐述，或至少有对我们更切近的解释。

以上是讲对传统概念的使用，以及试图在总体上使之联系为互相观照、互相印证、互相补充的一个系统。下面我要谈到我具体处理这些传统概念的方法，这种方法主要是一种分析的方法，就是不断地致力于把不同的概念、一个概念的不同方面的含义细致地区别开来，清晰地划分出来，总是优先考虑注意差别，给出规定，划定界限，明确含义。在我看来，我们传统的思维方式，尤其心性之学的方法论上的一个重要特点，是非常重视综合性的直觉体悟。这种直觉体悟的优点是注意到对象的整体性，有一种直观的生动性；弱点则是不能清楚地区分对象、辨别事物。这种直觉体悟今天对于艺术、文学乃至人生哲学、宗教信仰等一切相当依赖于个人的主观性的领域，也仍然很有意义，但对于一切直接涉及客观关系，比方说人与自然关系的自然科学，人与社会、与制度关系的社会科学，看起来却没有那么大的意义。我使用上述中国的传统概念，意在揭示和发扬这些概念中富有生命力的道德内涵。然而，我发现，若要从现代社会伦理的角度考察，对所有这些概念几乎都需要做出区分，把它们的传统内涵中适合作为现代社会伦理的内容（底线伦理）与不适合作为现代社会伦理的内容（人生哲学）区分开来。我必须首先努力地做一种区分或剥离的工作，对我现在所用的传统概念给出严格而清楚的规定。比方说，在"恻隐"一章中，我不取从宋儒到牟宗三对"恻隐"概念的形而上学的解释，因为他们一下就把最基本的与最崇高的合在一块说了，认为"恻隐"也是万化本体，也是形上根据；我则要把他们说的这层意思与"恻隐"的伦理学意思区分开来，或者说，至少把这层意思暂时搁置起来，而一心考察"恻隐"作为伦理学概念的含义。这样，我就认为"恻隐"只是表示"对他人痛苦的一种关切"，并仔细地分析"恻隐"的这两个基本特征，即它所标示的"人生痛苦"意味着什么；它所显示的"道德关切"又意味着什么，为什么不宜将其和"自爱"混同，孟子将其视为"仁之端"的"端"的含义又可理解为什么；等等。我在探讨"诚信"与"忠恕"这两种基本义务时也首先是致力于分。由于传统自圣观点的影响，在各种德目、各种义务中几乎都把属于社会基本规范的内容与属于自我最高追求的内容混合在一起了，所以，我们今天就有必要把这两种内容仔细地分离开来。于是，在"诚信"一章中，我首先严格地界定了作为道德概念的"诚信"，把它与本体之"诚"、天人合一之"诚"区别开来；把它与"真实""真诚"区别开来；也把它与作为明智慎思的"诚实"区别开来。在"忠恕"一章中，我也是努力地把"忠恕"作为社会的一种基本规范、基本义务来规定，把它严格地理解为"己所不欲，勿施于人"；把它与要求热情助人乃至无限爱人的"己所欲，施于人"区别开来；也把它与逆来顺受或完全放弃的品性区别开来，既不把它说高了，也不把它说低了。努力于划分、区别确实是我规定这些基本的道德义务的一个主要方法。另外，在"义""理"等概念上，我也都努力地在伦理学的意义与非伦理学的意义之间做出区别，在社会伦理规范与个人终极追求的意义之间做出区分。

总之，从内容和主旨来说，我希望《良心论》能够承20世纪初梁启超《新民说》的意绪，构建出一种适应于现代社会的个人伦理学体系，我在这方面得到的主要思想路向的启发，是来自从康德到罗尔斯的义务论；而从思想方法来说，我采用的概念和思想资源主要是来自我们自己的文化传统，但又不采用从传统的心性之学到当代新儒家如牟宗三常用的综合直觉体悟方法，而是更多地采取一种分析的方法，尤其是借鉴英美在20世纪发展起来的分析伦理学的方法。

《良心论》从性质上说是底线伦理的，但是，它所讨论的内容又不限于底线伦理，另一方面，它也没有囊括底线伦理的全部内容，主要是一种从道德意识角度进入的、现代社会的个人伦理学体系。但是，它的确可以视作我的底线伦理观点的一个主要思想文本。而我个人，不仅希望读者注意其实质结论，也希望读者，尤其是作为学者的读者，同时也注意《良心论》的思想方法，展开方法论的论辩和切磋，从而为一种真正具有中国问题意识和方法特点的伦理学的成长壮大共同努力。思想型的学者重要的还是要思考，而且需要面对我们真实的问题，借助中国和域外的思想资源，独立地进行思考，不人云亦云，也不盲思妄评。这样，我们就有望看到越来越多的有学术增殖意义的思想成果。

一种普遍主义的底线伦理学

我一直试图探讨一种底线伦理学——生活在现代社会中的人的底线伦理学。我的《良心论》所要着力说明的与其说是良心，不如说是义务，即要作为一个社会的合格成员，一个人所必须承担的义务。书中所说的"良心"，主要是指对这种义务的情感上的敬重和事理上的明白——一种公民的道德义务意识、道德责任感。作为个人修养最高境界、具有某种终极关切的本体意义的良心不在我的视野之内，我想探究的是良心的社会定向而非自我定向，这一定位指向的目标是正直而非圣洁，我想雨果《悲惨世界》中的一段话是有道理的："做一个圣人，那是特殊情形；做一个正直的人，那却是为人的常轨。"

所谓"底线"，自然只是一种比喻的说法。首先，它是相对于传统道德而言，在无论东方还是西方的传统的等级社会中，"贵人行为理应高尚"（noblesse oblige），"君子之德风，小人之德草"，道德具有一种少数精英的性质，广大社会下层的"道德"与其说是道德，不如说是一种被动的风俗教化。然而，当社会发生了趋于平等的根本变革，道德也就必须且应当成为所有人的道德，对任何人都一视同仁，它要求的范围就不能不缩小，性质上看起来不能不有所"降低"，而这实质上是把某种人生理想和价值观念排除在道德之外。其次，所谓道德"底线"是相对于人生理想、信念和价值目标而言的，人必须先满足这一底线，然后才能去追求自己的生活理想。道德并不是人生的全部，一个人可以在不违反基本道德要求的前提下，继续一种一心为道德、为圣洁、为信仰的人生，攀登自己生命的高峰；他也可以追求一种为艺术、审美的人生，在另一个方面展示人性的崇高和优越；他还可以为平静安适的一生，乃至为快乐享受的一生，只要他的这种追求不损害其他人的合理追求。道德底线虽然只是一种基础性的东西，却具有一种逻辑的优先性：盖一栋房子，你必须先从基础开始。并且，这一基础应当是可以为有各种合理生活计划的人普遍共享的，而不宜从一种特殊式样的房子来规定一切，不宜从一种特殊的价值和生活体系引申出所有人的道德规范。这里涉及我对"伦理学"和"道德"范畴的理解，我理解"道德"主要是社会的道德、规范的道德，至于整个生活方式的问题、生命终极意义的问题，我认为应交由各种人生哲学与宗教以不同的方式去处理。

　　我在《良心论》中给自己提出的任务是相当有限的。我想探究的只是一种平等适度的个人义务体系，与其相对的方面，即社会制度本身的正义理论，并未放在《良心论》中探讨，尽管后者在逻辑次序上还应更优先。至于在个人关系（如亲友、社团）、个人追求（从一般的价值目标到终极关切）方面的人生内容，自然也无法在这一本书中顾及。我想以一本书只承担一个有限的任务，而决不奢望"毕其功于一役"。就是个人作为社会成员的义务体系，我也只是涉及它一般的方面，职业的，尤其是执政者的道德都没有谈到；对个人一般义务，我也只是侧重于在我看来它最基本、最优先的一些方面，诸如从特殊自我的道德观点向社会的普遍的道德观点的转变，诸如忠恕、诚信这样一些最基本的道德义务的示范性概括和陈述，等等。在这方面，我不能不做一些细致的分析和剥离工作，以使诚信、忠恕作为基本的道德要求与最高的真诚和最大的恕意区分开来。但强调道德的底线并不是要由此否定个人更崇高和更神圣的道德追求，那完全可以由个人或团体自觉自愿地在这个基础上开始，但那些追求不应再属于在某种范围内可以有法律强制的社会伦理。

也就是说，作为社会的一员，即便我思慕和追求一种道德的崇高和圣洁，我也须从基本的义务走向崇高，从履行自己的应分走向圣洁。社会应安排得尽量使人们能各得其所，这就是正义；个人则应该首先各尽其分，这就是义务。而且，当某些特殊情形使履行这种基本义务变得很困难，不履行别人也大致能谅解的时候，仍然坚持履行这种义务本身就体现了一种崇高，我们甚至可以说这是现代社会最值得崇敬、最应当提倡的一种崇高。这种道德义务与其说告诉我们要去做什么，不如说更多的是告诉我们不去做什么，它也并不意味着我们做什么事都想着义务、规则、约束（世界上并没有单纯的道德行为），而是意味着不论我们做什么事，总是有个界限不能越过，我们吃饭穿衣、工作生活的许多日常行为并不碰到这一界限，但有些时候就会碰到——当我们的行为会对他人产生一种影响和妨碍的时候，这时就得考虑有些界限不应越过了。总之，我们做一件事的方式、达到一个目的的手段总不能全无限制，而得有所限制，我们总得有所不为而不能为所欲为。这就是我想通过"义务"所说的，我理解的道德义务主要表现为一些基本的禁令。

确实，一个人，作为社会的一个成员，不管在自己的一生中怀抱什么样的个人或社会的理想，追求什么样的价值目标，有一些基本的行为准则和规范是无论如何必须共同遵循的。否则，社会就可能崩溃。人们可以做许多各式各样相当歧异的事情，追求各式各样相当歧异的目标，但无论如何，有些事情还是绝不可以做的，任谁都不可以做，永远不可以做，而无论是出于看来多么高尚、充满魅力或者多么通俗、人多势众的理由，都是如此。用中国的话语，这一底线也许可以最一般地概括为："己所不欲，勿施于人"。我们大多数人在大多数时候可以容易地不逾此限，但当利益极其诱人或者有人已经先这样做了，尤其是对我这样做了，伤害到了我的时候，就不容易守住此限了。然而，一个社会的稳定和发展确实极大地依赖于把这种逾越行为控制在一个很小的、不致蔓延的范围内，这不仅要靠健全的法律和规范，也要靠良心、靠我们内心的道德信念。

从前面的阐述已经可以明显地看到，这种底线伦理学同时也是一种普遍主义的伦理学，它是要面向社会上的所有人，是对社会的每一个成员提出要求，而不是仅仅要求其中的一部分人——不是像较为正常的传统等级社会那样仅仅要求其中最居高位或最有教养的少数人，也不是像在历史上某些特殊的过渡时期、异化阶段那样仅仅要求除一个人或少数人之外的大多数人。在《良心论》中，我以"排队"为例，指出义理的普遍性不仅要求今天的社会道德排除利己主义，同时也要求它在自己的内容中不再把一种高尚的自我主义包括在内。后者在我们的传统中源远流长，璀璨壮观，但在20世纪这样一个大转变的时代虽然也极其突出，内容却发生了某些根本的变异，并且要求的对象屡屡异化，由对己转为对人，由对少数居上者转为对多数居下者，于是容易造成一个极端是虚伪，另一个极端是无耻的骇人景观。

我所理解的这种普遍主义伦理还有一个内容：它坚持一些基本的道德规范、道德义务的客观普遍性，这使它对立于各种道德相对主义以及虚无主义，只不过，现在用以支持这种客观普遍性的直接根据和过去不同了，不再仅仅是一种具有"唯一真理"形态的价值体系了，而是倾向于与各种各样的全面意识形态体系脱钩。它希望得到各种合理价值体系的合力支持，而不仅仅是一种价值体系的独力支持。这种普遍主义还坚持传统社会与现代社会在道德上的一种连续性，坚持道德的核心部分有某些不变的基本成分。打一个比方，不同历史时期不同社会的支配性道德体系有时就像一个个同心圆，虽然范围有大小，所关联的价值目的和根据有不同，道德语汇也有差异，但其最核心的内容却是大致相同的。道德义务是无论是否给我们带来利害都必须遵循的，道德正当的标准应独立于个人或团体的喜好，不以他们各各不同的生活理想与价值目标为转移。承认这一点将使这一伦理学被归入"义务论"（deontological theory）之列，但我想我的这一义务论是温和的，它并不否定道德与生命的联系。

与历史上的道德相比，现代社会的道德接近于一个最小的同心圆。这一"道德底线"也可以说是社会的基准线、水平线。普遍主义的道德要行之有效，是需要建立在人们的共识基础上的，现代平等多元化的社会则使人们趋向于形成一个最小的共识圈。正是在这个意义上，我们会谈论乃至赞同今天道德规范的内容几乎就接近于法律，遵守法律几乎就等同于遵守道德。

但是，这里所说的"法律"又不完全等同于成文法，虽然它可以说是几乎所有成文法的核心，或者说它是最基本的社会习俗。仅仅说"法律"也不可能包括全部的道德，不能囊括诸如较细微的公共场合的礼仪,以及如在举手之劳就可救人一命的情况下绝对应当援助自己的同类等具有积极意义的道德规范。更重要的是,现代法律只有从根本上被视为正义的、合乎道德的,得到人们普遍衷心的尊重,才能被普遍有效地执行。而当今天的人们分享着各种不同但均为合理的价值体系时,他们要共同遵循基本的道德规范,就不能不诉诸一种对于基本规范的在性质上近乎宗教般的虔诚和尊重的精神。所以,如果说这种底线道德一端连着法律,它的主要内容就几乎等于法律的要求的话,那它另一端连着的是一种类似于宗教的信仰、信念。规范必须被尊重方能被普遍有效地履行。不被尊重的法根本不是法,其结果可能比无法更糟。而这种尊重须来自一种对规范的客观普遍性和人的有限性的认识。

上述这样一种道德义务范畴在范围上的缩小和精神方面的要求,显然有着一种知识社会学的背景,甚至可以说有一种社会变迁所带来的无奈。在我看来,西方的社群主义(communitarianism)的支持者,似乎没有充分考虑到现代社会这样一种情况,没有充分考虑到在现时代,传统在某些重要方面已经无可挽回地断裂了,他们对人性和社会的期望也似乎过高。社群主义对在西方占支配地位的个人主义的自由主义批判神力,给我们带来了许多启发,但正面的建设性的创获尚不够多。无论如何,道德的基本立场之所以要从一种社会精英的、自我追求至高至善、希圣希贤的观点,转向一种面向全社会、平等适度、立足公平正直的观点，在某种意义上正是因为社会从一种精英等级制的传统形态转向了一种"平等多元"的现代形态。在这方面的理论探讨中，率先发生这种转变的西方社会中的学者将给我们提供许多有益的启发。我想，我遵循的方向可能大致也正是西方从康德到罗尔斯、哈贝马斯探寻一种共识伦理的方向，这一探寻也为世界上各个文明、各种宗教、各个民族的思想者所共同承担。一种普遍主义的道德究竟如何可能？其底线究竟如何确定？其内容究竟如何阐明？这是一些急需论证的问题。人们在努力寻求一种最低限度的普遍伦理，而这种寻求的热望正被文明可能发生激烈冲突的阴影，弄得愈发迫切。而且，尽管这种希望是共同的，并且每一文明、每一民族都可对这一普遍伦理作出自己的贡献，但都不能不主要从自身、从自己最深厚的传统中汲取资源。我在《良心论》中的努力也不例外，读者可以方便地从书中看到，我所借助的思想资源，乃至我使用的道德语汇，仍然主要是来自中国，来自我们生命所系的历史传统。

有两个故事一直使我感动。一个故事是说一个人在众多债权人都已谅解的情况下，仍倾其毕生之力，偿还由一个并非他自己力量所能控制的意外原因所造成的一笔笔欠款。另一个故事是说一个中国记者在欧洲目睹到的这样一个情景：公园的一处草坪飘动着许多五颜六色的气球。原因是公园规定，当春天新草萌生的时候，这片草坪暂时不许入内，于是人们连孩子玩耍的气球掉入其中也不去拾取。前一种行为难于做到但也难于遇到，而一个社会也许只有少数人能这样做就足以维系其基本的道德了，它展现了底线道德所需的深度；后一种行为则不难做到但人们也往往不屑于做到，而一个社会却必须几乎所有人都这样做才能维系这些规范，它展现了底线道德所需的广度。虽然欠债还钱的诚信守信和对公共生活规范的遵守，都是基本的义务，但基本义务却需要一种高度尊重规范的精神的支持，尽管这种精神在不同人那里可能会展现为不同的形式。一个能够履行社会义务的人，一个不失为正直的好人，他可能是一个佛教徒、一个基督教徒、一个伊斯兰教徒，当然，也可能是一个怀疑论者或者无神论者。

然而，这可能还不够，这还不是道德的全部，道德并不仅仅是规范的普遍履行。我们还需要人与人之间的一种理解、关怀和同情，如果没有这一润泽，仅仅规范的道德可能仍不免由于缺乏源头活水而硬化或者干枯。一种对他人、同类的恻隐之心和对生命、自然的关切之情，将可能提醒我们什么是道德的至深含义和不竭源泉，提醒我们道德与生命的深刻联系，以及任何一种社会的道德形态（包括现代社会的道德形态）向新的形态转换的可能性。

建构一种预防性的伦理与法律

近年高科技的迅猛发展，正在使我们进入一个面临越来越多的难以预测后果的时代。石器时代，一个猎人能够准确地预测他投掷的结果；农业文明时代，一个农夫也不难预测他的收成。他们的所作所为一般也不改变事物的自然进程。但今天，在基因工程、人工智能、医疗技术等诸多领域，我们已经越来越难预测我们行为的结果。

后果不可预测，但还是可以有所预防。这就需要某种前瞻，需要加大防范力度。从理念上来说，基于这种情况，我们可能需要概括性地提出一种旨在控制不可预测的后果的、预防性的伦理与法律。

一个完整的行为过程是由行为动机、行为本身、行为后果三者构成的。过去，行为的本身与后果都是比较清楚的，容易预测的。杀人就是杀人，欺诈就是欺诈，如果杀人的动机变成了现实，那么就要遭到不仅是伦理的谴责，还有法律的惩罚。

但是，现在的一些行为，比如像有些科学实验，它们一般并不被认为是损害社会与他人的,甚至一般被认为是造福人类的。然而,技术的进步却达到了这样一点:有些实验会给人类带来不仅难于预测,而且可能是重大的灾难性后果。它们正在改变人类以及其他事物的自然进程。

过去的法律往往是,大概也必须是滞后的,它必须考虑行为的本身和明确的后果,乃至于"法无明文规定不为罪"。在行为没有实施、没有产生后果之前,它不能惩罚人,更不要说惩罚动机。否则法律就会被滥用,或者无法实行。以后的法律基本上也还会如此,但问题是:由于上面我们谈到的新出现的情况,对于那些可能造成非常严重后果的行为,即便其后果还没有显露或者没有充分暴露,要不要实行预先的遏制和惩罚?

道德可以有所作为的范围要比法律广泛,它可以评价一些法律不便惩罚的不道德行为,也可以评价人们的动机和整个人格。但一般来说,此前现代伦理也还是主要集中于对行为本身或者说行为准则以及行为的明显后果的评判。今天也许还需要一种针对后果的预防性伦理与法律。当然,这种预防性的伦理与法律,只能是针对那些目前还难于预测结果,但如果产生恶果,一定是影响非常重大的恶果的行为。这种预防性的伦理与法律必须偕行:法律提供控制与遏制的主要客观手段,而伦理则提供这样做的内在道德理由。伦理还可以从根本的人格与情操培养和广泛的舆论监督方面发挥作用。当然,我们还有赖于科学技术,要通过科学探究,去努力弄清可能的后果——即便这不可能完全做到。

如果要从源头上控制后果,我们还要考虑对那些可能造成不可预测后果的"科学狂人"行为动机的遏制。过去我在评论道德事件的时候,一般不主张深究行为者的动机,而是就事论事,就行为谈行为,因为人的动机难测,且不一定总有对道德主体全面评价的必要。但对于关涉人类命运的重要技术可能例外,因为它可能造成不可逆的重大后果,或者如人们所说的,打开了一个"潘多拉的盒子",所以有必要通过对"科学狂人"的动机分析,来考虑如何从主客观两方面予以控制和防范类似的事件。

所以,我不揣冒昧地,但也还是谨慎地通过分析一些"科学狂人"的言行,来推测几个可能的动机。第一是商业利益的动机;第二是追求名声的动机;第三是纯粹的对不可知世界的强烈好奇,或者说会不计任何手段和后果,一心要揭开事物奥秘;第四,我们也不完全排斥有时"突破红线"可能也是由于某种高尚的动机。这四者可能是单独起作用,也有可能是混合在一起起作用,只是我们还不是很明确这些动机孰轻孰重。而且,我们也要注意到人类行为实践中的一种情况:即便开始是出于高尚的动机,后来也可能产生恶果,甚至带来很大的灾难。

那么,对那些可能造成重大灾难性后果的行为,怎样从动机或源头就开始予以遏制呢?伦理所能做的主要是内心信念与社会舆论这两个方面。根本的办法或者说治本之策，当然是让尽量广泛的人从内心深深认识到人不可充当上帝，不可随意安排别人的生命（甚至包括自己孩子的生命），人要对自己的行为负责，包括对间接的、总体的不可预测的行为后果负责，等等。在舆论方面，伦理也是大有可为的，不仅是批评和谴责这样的行为，还可以考虑对求名的动机做一种"消声"的处理。

但我们也要看到单纯伦理手段的限度。它们可以在根本和广泛的层面发挥作用，却还不足以实现立即有效的限制，而有些危险却是紧迫和重大的。同时，我们也要考虑那些已经在相当程度上固化了自己价值观的人，你已经很难改变他们的观点。

从社会来说，对"科学狂人"动机的"遏制"，也同样不宜只是"以心治心"，不宜只是主观的遏制，还应该有客观的遏制，有切实有力的惩罚手段，方能做到"惩前毖后"。这当然需要有法律介入其中。

首先，自然要遏制求利的动机，彻底斩断"科学狂人"的行为和实验与可能带来的商业利益的联系。让所有闯关者不仅得不到经济利益，而且损失此前已有的经济利益。至于遏制"求名"的动机，当然首先是防止让这样的名声成为令名，这方面倒是容易取得相当大的共识。但如果有些人就是要追求出名，而不管是什么样的名声呢？这可能就比较困难，没有很有效的制约手段。

现代社会知识界所主张的伦理和价值观，一般是要求全面彻底的真理、真相和真实的，而反对古人所主张的有所限制、隐瞒和隐讳的，但古人的主张其实还是含有智慧的。出于自然的人性，人们常常愿意"为亲者讳"——这种"容隐"的原则至少不鼓励检举揭发；或者需要"为贤者讳"——包括现代知识界有时也这样做：有的著名人权运动领袖嫖娼、论文被发现有抄袭，当时的媒体记者就相约不予报道。从另一面来说，对有些以后可能被一些人纪念的"恶人"，也会有意抹去他的印记和遗迹。也有媒体相约不公开报道某些罪行、罪人，或不提其名，不让那些不顾一切想出名的人扬名。所以，对这样的事件也要视情分析，可能也不妨有一段时间的"冷处理"，当然，这种处理仍然应该是严肃和严厉的。

遏制"科学狂人"的动机可能最为困难，但这样的实验一般来说也都是需要资金、工作人员和实验者的。我这里只能说对那些明显缺少基本道德标准的、没有起码的对生命的敬畏之心的"科学狂人"，应该有严密的法规与政策不予放行，各种风险投资也不予投资，如果发现有这样的投资，也应在罚没之列。所谓的"天使投资"应慎之又慎，不要投给不怕突破道德底线的"科学狂人"乃至"魔鬼"。

对于"科学狂人"，我们以前虽然有法规，却不是很健全，甚至以后也不可能做到完全健全。但我们可以尽量健全相关的法律，在事先的授权、事中的监管、事后的惩罚等方面都有明确细密的规定。法律往往是滞后的，但我们却可以考虑使这方面的法律具有某种前瞻性，让这方面的法律尽量详尽并且可行。

总之，我们的时代正面对一个广阔的不可预测的世界。科技迅猛发展，不少领域已经酝酿着一个可能带来不可预测后果的突破，有些甚至只欠临门一脚。有些实验能够带来巨大的成果，但也可能有巨大的风险。它们不一定马上甚至最终也不一定产生恶果，但一旦产生，就一定是非常严重的，这类恶果不仅是对具体的受害人而言，而且是对人类而言。如果不能有力地遏制和惩罚闯关者，后面就一定会有跟进者。

目前，高科技的发展已经展示了许多方面突破的可能性。人类是必然会不断追求技术进步和突破的，许多突破也的确带来了经济的高速发展和人们物质生活水平的不断提高。但有些突破也是有巨大风险的，甚至越往后越是如此，为此我们才有必要提出一种"预防伦理"。而要让这种"预防伦理"落实，仅仅依靠社会舆论和内心信念是不够的，还必须表现在一系列的预防性法律和实施之中。这种"预防性法律"又可以从"预防性伦理"中吸收道德理由和根据。

学以成人,约以成人
——对新文化运动人的观念的一个反省

在洋务运动、戊戌变法与辛亥革命之后发生的新文化运动,试图唤起"吾人最后之觉悟",即进行思想、文学乃至语言文字之革命,其着眼点是在器物、制度变革似乎不奏效之后解决人的问题,尤其是人心的问题。

如果说 20 世纪初的《新民说》还主要是试图建立能够适应新的制度的、社会政治层面的公民德性体系,那么,新文化运动中的"人的观念"已经涉及从信仰、追求、生活方式到社会行为规范的一整套价值体系。

于此,新文化运动就触及了中国文化的根本,触及了主导了中华文化两千年的儒家思想文化,因为它也是以如何做人、如何成人为核心的。

一

儒家的"成人"是以要成为高尚的道德君子为目标的,是要"希圣希贤",以此前的圣贤为榜样,如孔子说:"吾从周","周之德,其可谓至德也已夫!"颜渊说:"舜何人也,予何人也,有为者亦若是!"而后世又起而仿效仿效者,学习学习者,追寻"孔颜乐处"。

儒家的这种"成人"追求是普遍号召的,即"有教无类",任何人都可以进入这种"成人"的追求;但这又是完全自愿的,儒家从来不曾试图在社会民众的层面强制人们都成为君子,儒家对人性的差别也有深刻的认识。于是,实际上还是只有少数人愿意和能够进入这种追求。

这种开始主要是同道、学园或学派的追求,到了西汉汉武的"更化"期间,有了一种社会政治的制度连带,即通过政治上的"独尊儒术"和察举制度,解决了秦朝没有解决的、可以长期稳定的统治思想和统治阶级再生产的两大问题,遂使一种人文政制成为此后两千多年的传统制度的范型。学者同时也成为朝廷的官员和乡村的权威。"士人"既是"士君子",也是"士大夫"。

儒家试图驯化自己,也在一定程度上教化民众和驯化君主。而从两千多年历史看,它在驯化自身上最成功,其次是教化民众,最后才是驯化君主。它造就了世界文明历史中一个文化水准最高,道德方面也相当自律的官员统治阶层;造就了一个书卷气最浓、重文轻武的民族;也熏陶了一些明君,但还是有许多不够格的皇帝。君主道德水准的提高与君主权力的提升并无一种正比关系,相反的关系倒更接近于历史的真实。

二

中国近代以来,首先破除的是这种"成人"的政治连带,废除了科举制和君主制,然后是新文化运动试图全盘打破一切传统的束缚,摆脱一切羁绊,非孝反孔,追求一种个性绝对自由解放的新人。

社会不仅渐失"齿尊",年轻人甚至有意斩断和中老年人的联系,乃至从一开始,刊物和社团就是以"青年""新青年""少年中国"为号召的。

于是,相当于昔日"士人"阶层的知识青年始初有一系列走出家庭、尝试一种全新共同生活的工读互助团和新村的试验,但是,这些新生活的试验不久都归于失败。当个人自愿结合的团体尝试变为"新人"失败之后,从中吸取的教训不是反省这个理想,而是得出必须全盘改造社会的结论。挟苏俄思想赤潮的涌入,社会的重心转而走向一种在政党竞争、军事斗争中的"新人"磨炼。

这一过程始终有一种完美主义的伴随:先是追求完全自由的个人,然后是追求一个尽善尽美的社会。

为了实现这一完美的社会理想,却需要另外一种"新人",一种接受严格训练和组织纪律的"新人"。那么,在这两种新人之间——试图完全摆脱一切束缚的自由"新人"和接受严格纪律约束的组织"新人"之间如何转换？这种转换可能是借助于一种无限放大和不断推远的完美未来：未来的完美世界，将实现所有人的完全的自由和幸福；而为了实现这一人类最伟大的理想，则必须接受目前最严格的纪律约束。走向一个黄金的世界必须通过一个铁血的时代。

于是，为了完美的自由，必须进入一种最严格的规训。而在社会层面倡导追求解除一切羁绊的绝对个性自由，适足以为一种对个人的绝对控制准备"特殊材料"。

任何一个乌托邦理想家设想的社会都会是完美和可实现的——只要在这个社会里生活的都是理想家设想的"新人"而非现实的人类。于是，是否能够造就出这样的一种"新人"，对这样一个理想社会的实现就至为关键，甚至生死攸关：如果人们的确能够被普遍地造就为理想家心目中的"新人"，这一最后的社会状态就将是天堂；但如果不能，实现这一社会的过程就可能是地狱——而不是其中一些知识者所以为的"炼狱"。

古代世界也有培养和造就"新人"的尝试，比如斯巴达通过某种军事共产制来造就一个勇敢简朴无私利的武士统治阶层；埃及的马穆鲁克体制，通过购买和劫掠非穆斯林世界的奴隶男童，让他们进入与社会封闭的学校，培养为各种军事和政治的统治人才，但他们的子孙不能再成为统治者，因为这些子孙不再是奴隶，因而必须一代代重新购买和培养；而终身不婚的天主教会的修士，甚至也可说是一种培养"新人"的尝试。

但这些古代的"新人"尝试和现代世界的尝试明显不同的是：它们都是明确地限于这个社会的全部人口中的少数人的，这少数人与社会民众是保持相当的距离甚至是相对封闭隔绝的。比如说柏拉图描述的共产制是仅限于少数统治者的，他们拥有统治的权力和很高的社会地位与威望、荣誉，但他们不拥有属于个人的私有财产，甚至不拥有自己单独的家庭与儿女，以此来保证权力不被滥用和遗传。虽然这也可能仍然是一个不能持久的乌托邦，但古代的"新人"尝试的确没有试图去改造所有人，去改造整个社会，它们也没有一个人间天堂的梦想。包括渴望一种超越存在的完美的基督教，也没有打算实现一个人间此世的天堂。而在新文化运动之后出现的"新人"尝试，则是大规模的，全社会强行的，为的是实现一个完美主义的社会理想。然而，这一完美未来的地平线却令人沮丧地不断后退。

这就提出了一个人性的普遍可能性和可欲性的问题：人们或许能在很大程度上洗心革面，改造自己——我们的确可以看到有这样的道德圣贤或宗教圣徒。但是，人在多大程度上能够改变社会上几乎所有人或者大多数人的人性？而且，一种强行的试图全盘改造他人和整个社会的尝试，是否本身就违反道德乃至人性？

无论如何，新文化运动带来了社会对于人的观念和理想的一个剧变。在民国之后、新文化运动之前，社会崇尚的还多是孔子等传统圣贤人物；在这之后，崇尚的人物就再也不是以孔子为中心的传统人物了。新文化运动标志着传统人的观念的一个巨大转折。

和西方的文艺复兴运动不太一样，中国的新文化运动一是有意和传统断裂乃至决裂，二是和政治的紧密连接。最后，它的结果主要不是文化的成果，而是政治的后果。

西方文艺复兴运动产生了一系列文化的巨人，而中国的新文化运动则开启了一个激烈动荡的时代，这时代也产生了自己的政治巨人，并不断树立自己的英雄模范人物。新文化运动中不乏道德高尚的君子和文化的翘楚，但是，经过百年来一系列的转折跌宕，它最后造就的最引人注目的人物可能还是寥寥几个政治"超人"和不少"末人"。

三

今天我们也许有必要重温传统的"成人"之学，但也必须根据现代社会的情况有所转化。

传统儒家的"成人"之学能够转化的一个关键是，它同时也是一种"为己之学"。它也明确地自视为一种"为己之学"，这意味着即便在古代最强势的时期，儒家也并不打算在全社会强行其"希圣希贤"的道德，它的君子理想向几乎所有人开放，但实际只有少数人能够甚至愿意进入，因为它需要一种更高的文化能力和更高道德标准的自我约束。

它也不仅是少数的，而且是自愿的；它不是尚武的，而是尚文的；它开始也不是抱有政治统治的目标的，而只是一个求学问道的团体。但它通过选举制度造成的一种沟通上下，注重文化、政治机会平等的文官治理体制，最后却延续了两千多年，在世界文明史上也是绝无仅有的。它的这一独特意义看来还没有得到世界足够充分的认识。

儒家的"成人"路径或可说是一种"学以成人，约以成人"，即最终能够趋于道德自由之境的人，主要是通过一种自我学习和功夫，通过一种和神圣、社会与同道的立约，通过规约自己，最后达到自由的自律。

新文化运动中的人们急欲摆脱传统，其中激烈者呼吁要"打倒孔家店"，而今天重温孔子有关"学以成人"的名言，却深感其中有即便是现代人亦不可违者也：

"十五有志于学"——这是"成人"关键的第一步，但还远不是"成人"。"志学"同时意味着自身的有限性和自身的可能性，于是开始有一种修身求知的自觉。学是起点，是开端。不学无以成人。虽然这"学"并不限于文字和文献之学，但在中国的儒家那里，的确也离不开文字与文献之学。

"三十而立"——这是初步的成人，也是社会眼中的成人。

它不仅是性格的独立,也是经济的独立;不仅是自我事业的初步确立,也常常是家庭的确立。即所谓"成家立业",但最重要的还是一种精神品格的独立,虽然今后还可能会有探索方向上的错误,但那也是自我选择的结果,而不是人云亦云。

"四十而不惑"——虽然可能意志还不足,境界还不够,但此后或不再犯根本的认识论错误,不会再走大的弯路,尤其是不易受浪漫的空想的蛊惑,理性已经相当冷静和充分,情感也相对稳定。

"五十而知天命"——这已经是大成的时候。"命"既是"使命",也是"运命",既是开放,也是限制。命也,非来自我也,天降于我也;命也,无可更改也,但最大的限制既被自觉地认作"使命",也可能恰恰构成最大的力量,而且还构成一种真正有力量者的安心。

"六十而耳顺"——"耳顺"是对他人,对社会而言。自己对来自他人和社会的一切已经"宠辱不惊",而且,对他人还有了一种透彻认识人性之后的宽容;对社会也有了一种通透的理解,知道还能做什么和不能做什么。

"七十从心所欲,不踰矩"——这时才是达到一个真正的个人自由之境,完善之境。道德意志不是脱离规矩为二,而是与规矩合一。规则完全不再是外在的异己之物,而就是自身精神最深的需要。

这一过程以自我始,以自我终。但最初的自我是一个刚刚开始发愿和立志的自我，最后的自我则已经是一个与天、地、人契合的自我。

且不说还有"困而不学者"，志学者并不是都能达到这最后一步，甚至达到"知天命"这一步都很难。可以说，只有很少人能达到这最后一步，甚至中间的几步。但这最后的一步就像歌德所说"永恒的女神"，引导有志者永远向上。

如果说，即便如孔子这样的圣贤，也是自许为"学而知之"而非"生而知之"，那我们又有谁敢说自己是天纵之才而不需要通过学习就能悟道和成人？即使我们承认如柏拉图所言"学习就是回忆"也具有一定的真理性，即学以悟道成人也需依赖一定的天赋与悟性，但后天的艰苦的"学习"，也仍然是不可缺少的媒介和必需的途径。

如果说，即便如孔子这样的圣贤，也是到七十岁的时候才能做到"从心所欲，不踰矩"，即在经过几乎一生的规约之后才得到比较完全的自由，那我们又有谁敢说我们一开始就可以不要任何约束就能悟道成人？我们又有谁敢说自己可以通过摆脱一切羁绊的绝对自由而成为新型的完人？

这提醒我们，或许从一开始就要预防一种对个人绝对自由和完美政治社会的追求。

孔子又说："君子博学于文，约之以礼。"颜渊亦言："夫子循循然善诱人，博我以文，约我以礼。欲罢不能，既竭吾才，如有所立卓尔。"

我们或可究其"约"义且又广其"约"义，谈到一种伟大的预约与规约。

首先，"学以成人"可以是一种神圣之约，是自我与超越存在之约。这超越的存在可以是天，可以是神，可以是圣。因为这神圣之约，所以我要成为配得上这神圣的一个人。

其次，这约定也是一种社会之约，是自我与家庭、与亲人、与职业群体和其他团体、与政治共同体以及与整个社会之约。我必须做一个担负起我的各种社会责任的人。

再次，这约定也是一种同道之约，是自我与同一志向的朋友之约。这是自愿地结成一体。对于一个伟大的目标，我们每一个人的力量都可能是不够的，需要互助和互励。而到一定时候，一个人如有了相当的力量，又是要散发开去的，而这散发也是回收，这力量又会加倍地回到自己的心身。

最后，又还有一种践约。践约实际也主要就是规约，我们需要不断地规训自己，而规训自己其实又是一种自律。不否定有人有顿悟的可能，但很少人有这样的可能。悟性之高如李叔同者，入佛门也是进入律宗。

一种志愿必须从自己的内心生发出来，"十五有志于学"便是立约的开始。预约不妨其高，不妨其不与众同，但不断落实，不断具体；规约则不妨从低开始，从底线开始，从与众人同的社会规则开始，但能够将"庸常之行"与"高尚之志"连接起来。

虽然古代"成人"的意义就已经不是完全一律，有儒家的"成人"，也有道家的或其他路径的"成人"，但儒家的路径的确是占据主导的。而今天的"成人"则更趋多元，不再有一种固定的、统一的意义。类似于古希腊的"Virtues"，人们追求的人生目标将向各个方向展开，这些目标不仅仅限于道德或宗教的，还有艺术的，各种才干和能力的，甚至精致的休闲之道、体育竞技之道，等等。而所有这些追求又应该受到一些基本的规约的限制，以不妨碍他人的同等合理的追求。

今天的任何一种"成人"或都已经失去社会政治的直接效用，这就使一种神圣和同道的相约显得更重要了。

以上诸约在传统社会的儒家那里是一体的，天道与社会、一己与同道、本体与功夫常常都是打通的。而道德渴望与其他方面的文化追求，乃至与政治权力、经济财富和社会名望，都是连接的。但现代社会的人们则可能或也只能择一而行，而对何谓"成人"目标的理解也有了各种合理的差异，但精神却仍可以是一种，即努力在做人中寻求"成人"的意义。

后记

后记

我想在这篇后记中简单回顾一下我写作这本书的由来和表示对诸多朋友的感谢。

2011年，是辛亥革命的一百年，也是第二（抑或第三？）共和建立的六十二年，年中我写有一篇《汉立六十二年之更化》，表达了我对社会的忧虑和改革的期望。接近年底的时候，或是因受到如小悦悦事件、幼儿园车祸等一些悲惨事件的直接刺激，我开始将久在心中酝酿的一些想法写成一长文，先试名之为《中华新伦理的一个构想》或《共和之德》，后修改扩充为《新世纪的伦理纲常》。

时光进入2012年，至此中国走向共和已经过去一百年，要进入一个新的纪元了。1月的春节前夕，我应邀在天则所第一次讲《新世纪的伦理纲常》，由秋风主持，与会者有茅于轼、张曙光、何光沪、陈明、甘绍光、景跃进、吴飞、王瑞昌等学者。他们对我的讲演提出了宝贵的意见。

"新纲常"属于我的思想学术著述中比较特别的一种，由于它所探讨的问题的重要性、迫切性和现实性,即它是要直接面对社会的道德问题,探讨中国社会的道德根基,并提出一个初步建构,我觉得倒不妨让它带一点宣传普及的特点,同时我也希望在互动过程中听取较多听者和读者的意见。所以,在2012这一年里,我在应邀到各处的讲演中几乎都是从不同角度讲这一题目:这包括在贵州大学中国文化书院、北京大学极忠讲座、武夷山管理哲学博士班、三〇一医院、广州岭南大讲坛、北京燕山大讲坛和明天集团的讲演。而最初和不断修改的文稿也曾在不同时候给过多家报刊,开始是因为篇幅不够而刊登不了全文,后来就索性让编辑去各取所需地剪裁选用其中的部分。部分刊登过此文或者讲稿的报刊大致有上海《社会科学报》《南方都市报》《中国文化报》《前线》《道德与文明》《信睿》等。所以,在这一过程中,可能出现了一些或长或短不同的文章或讲稿的版本,这是需要向读者说明乃至抱歉的。不过,现在我希望这本书能够成为一个统一的替代品。为了写这本书,在2012年又接近年底的时候,我用了两个月时间,参考了一些新的材料,也考虑了一些听到的意见,终于集中精力完成了这本十余万字,最后定名为《新纲常》的小书。最近,又在特意留出的一段"冷处理"的时间之后,对此做了一些修缮和补充。

《新纲常》在2013年由汉唐阳光策划组稿,7月由四川人民出版社出版之后,8月在彼岸书店召开了一个出版座谈会。

会议由刘苏里主持，周志兴、秦晖、吴思、张维迎、高全喜、雷颐、王焱、解玺璋、刘刚、李冬君、方朝晖、十年砍柴（李勇）、马永翔等学者，还有四川人民出版社黄立新社长参加了座谈会并发言，对此书提出了宝贵的意见。另外，刀尔登、朱学东、马永翔、葛四友等发表了富有见地的评论文章。另外，我还接受了《南方人物周刊》《南方周末》《新京报》《长江日报》《环球人物》《乌鲁木齐晚报》《华商报》《钱江晚报》和戴兆国等报刊记者与学者就此书的采访。

在此，我谨向上面提到的各位学者同行；向安排上次出版的"汉唐阳光"的尚红科、李占苇，安排这次出版的"一页"范新、晓镜等主编和编辑；向整理刊登《新纲常》文章和采访的綦晓芹等多家报刊的编辑记者；向邀请和安排讲演的组织者和发表文章的报刊；以及在这一年多来的讲演和发文过程中提出问题和意见的诸多听众和读者，表示我衷心的感谢。我也希望读者能继续对本书提出批评和建议。

前几年有一种预感日渐强烈，中国可能正处在又一个大变动的前夕。这一大变动的最终结果将会是什么？是良性的还是恶性的？中国是会陷入一种持久的激荡或者僵化的停滞，还是能够走向一个长治久安的社会？对此我是忧虑与希望并存。那么，现在可以说这一大变动已经发生。目前政学商三界人多有求变心或应变心，但在变革的路径和目标上却存在诸多差异乃至对立。而我希望一种温和而坚定的中道力量能够兴起且成为稳固的主流，如此，观点的差异乃至比较极端的观点对立也就不足惧，而且是必要的。而我个人也希望本书的探讨能为中国社会的平稳过渡尽一点力量，甚至进而言之，成为未来长治久安的社会之道德根基的一个可供选择的设想。

何怀宏

2013 年 5 月 16 日于北京

2020 年 6 月 10 日补充

一页 folio

始于一页，抵达世界
Humanities · History · Literature · Arts

出 品 人　范　新
特约编辑　任建辉
营销总监　张　延
版权总监　吴攀君
印制总监　刘玲玲
装帧设计　陈威伸
内文制作　常　亭

Folio (Beijing) Culture & Media Co., Ltd.
Bldg. 16-C, Jingyuan Art Center,
Chaoyang, Beijing, China 100124

官方微博：@一页 folio ｜ 官方豆瓣：一页 ｜ 联系我们：rights@foliobook.com.cn

一页 folio
微信公众号